白云岩-蒸发岩共生体系耦合机制研究
——以川东北飞仙关组为例

文华国　青　春　霍　飞　等　著

U0200540

科学出版社

北　京

内 容 简 介

白云岩-蒸发岩共生体系在各大沉积盆地均有分布，与油气资源息息相关，本书综述了国内外各大沉积盆地共生体系发育特征，以川东北飞仙关组共生体系为典型研究对象，探讨共生体系沉积特征、白云岩成因、源-储-盐特征等相关问题；划分出了共生体系中岩石类型及组合方式，探讨其差异的形成过程、分布规律、主控因素；厘清了川东北飞仙关组共生体系时空分布规律，揭示了共生体系耦合机制；解析了白云石化流体特征，明确了白云岩成因，并阐述了共生体系源-储-盐特征及其相互作用关系。

本书适合作为地质学、资源勘查工程专业学生的课外阅读材料，也可作为石油与天然气地质工作者及相关研究人员的参考书。

图书在版编目（CIP）数据

白云岩-蒸发岩共生体系耦合机制研究：以川东北飞仙关组为例 / 文华国等著. -- 北京：科学出版社，2024.9. -- ISBN 978-7-03-079470-3

Ⅰ. P588.24

中国国家版本馆 CIP 数据核字第 2024MW2097 号

责任编辑：黄　桥 / 责任校对：彭　映
责任印制：罗　科 / 封面设计：墨创文化

科 学 出 版 社 出版

北京东黄城根北街16号
邮政编码：100717
http://www.sciencep.com

成都锦瑞印刷有限责任公司 印刷
科学出版社发行　各地新华书店经销

*

2024 年 9 月第　一　版　　　开本：787×1092 1/16
2024 年 9 月第一次印刷　　　印张：8 1/2
字数：202 000

定价：**158.00** 元

（如有印装质量问题，我社负责调换）

本 书 作 者

文华国　青　春　霍　飞　张　航

周　刚　李　亮　曾汇川　张洁伟

蒋　东　徐文礼　罗　涛　蒋华川

前　言

　　白云岩与蒸发岩的共生现象普遍存在，具有广泛的时空分布特征，从前寒武纪至全新世均有发育，并且在全球尺度可追踪，国内外诸多大型优质油气储层多发育于白云岩-蒸发岩共生体系之中，国外如沙特盖瓦尔（Ghawār）油气田、卡塔尔与伊朗的北方-南帕斯（North-South Pars）油气田均蕴藏于白云岩-蒸发岩共生体系中，在中国，塔里木盆地、鄂尔多斯盆地、四川盆地等大型含油气盆地诸多层系中均有共生体系发育，并有着极大的油气资源勘探开发潜力，面对广泛分布的共生体系以及盐下优质白云岩储层，亟须探究共生体系下优质白云岩储层成因模式以及共生体系耦合机制，从而有效提高储层勘探与预测的准确性。

　　目前，针对白云岩-蒸发岩共生体系的耦合机制及体系内白云岩成因、优质储层勘探开发等方面的研究相对较薄弱，随着我国深层优质盐下白云岩油气资源的勘探开发，对共生体系的相关研究显得尤为重要。本书以沉积学为导向，通过梳理全球范围内各时期发育的白云岩-蒸发岩共生体系特征，总结共生体系下的蒸发岩和白云岩的组合类型，并阐明不同组合类型的特征及成因，探讨白云岩-蒸发岩共生体系耦合关系及其形成机制，总结白云岩-蒸发岩共生体系的研究意义，针对当前白云岩-蒸发岩共生体系研究中的薄弱点提出下一步研究方向。在此基础上，以川东北飞仙关组发育的典型白云岩-蒸发岩共生体系为切入点，基于作者多年来对四川盆地飞仙关组共生体系的研究成果，结合岩石学、沉积学、地球化学等研究手段，厘清共生体系时空分布特征，重建共生体系的沉积-成岩环境，深入剖析共生体系中白云岩成岩流体性质及来源，明确共生体系中的白云岩成因，揭示白云岩-蒸发岩共生体系的耦合机制，并阐述了共生体系下优质白云岩储层特征、主控因素和分布规律，以及源-储-盐特征及其相互作用关系，深入探讨了共生体系对川东北飞仙关组优质鲕滩储层的形成与勘探意义。

　　本书不仅为解决"白云岩问题"提供了新的思路，也将丰富和完善白云岩-蒸发岩共生体系基础地质理论认识，以川东北地区飞仙关组白云岩-蒸发岩共生体系系统研究为典型实例深入分析，将为中国西部盆地广泛发育的共生体系型储盖组合油气勘探提供重要指导，并为我国乃至全球广泛发育的共生体系油气储层的勘探开发提供思路以及参考。

　　本书部分研究材料取自成都理工大学沉积地质研究院相关研究课题数年来积累的研究成果，并充分参考和引用了前人在该地区的相关科研成果，主要为已发表和公布的学术论文。本书适合作为地质学、资源勘查工程专业学生的课外阅读材料，也可作为石油天然气地质工作者及相关研究人员的参考书。

　　本书由文华国、青春、霍飞等合作撰写，其中前言由文华国撰写；第 1 章由文华国、霍飞和蒋华川合作撰写，综述全球各时期白云岩-蒸发岩共生体系分布情况，简要阐述共生体系的组合特征以及主要研究方法；第 2 章由青春、张航合作撰写，介绍川东北地区区域地质背景；第 3 章由文华国、青春、霍飞和徐文礼合作撰写，从岩石学、层序地层学、沉积学等方面分析共生体系沉积特征及分布规律，并总结其沉积演化模式；第 4 章由文华国、霍飞和李亮合作撰写，分析川东北飞仙关组共生体系的元素地球化学以及同位素地球化学特征；第 5 章由文华国、周刚和李亮合作撰写，结合岩石学、地球化学分析结果，总结共生体系下的白云石化流体来源以及白云岩成因模式，并进一步结合沉积特征分析共生体系耦合机制；第 6 章由文华国、曾汇川、张洁伟、蒋东和罗涛合作撰写，结合飞仙关组白云岩-蒸发岩共生体系储层特征以及油气储层勘探开发现状，针对"源-储-盐"沉积体系进行分析，总结共生体系储层特征及其主控因素，阐明其油气地质意义，为共生体系油气储层有利目标勘探优选提供理论支撑。为求最大化地提高本书质量和可读性，在本书初稿完成后由文华国对全书进行统稿，并对部分内容进行了删减和增添，再经全体作者认真推敲，反复修改，最后定稿。

赵常亮、游雅贤、邹连松等参与了大部分插图的绘制、整理和图版编排工作。在本书初稿完成后，成都理工大学沉积地质研究院的相关老师提出了许多有益的建议和帮助，在此表示衷心的感谢！本书是课题组全体成员多年来辛勤劳动的结果，也是成都理工大学沉积地质研究院多年来的科研和集体成果。在野外地质调查、测试分析、室内研究及本书编写过程中，作者团队得到了中国石油天然气股份有限公司西南油气田分公司（简称中石油西南油气田分公司）勘探开发研究院、中石油西南油气田分公司川东北气矿、中国石油勘探开发研究院四川盆地研究中心、中石油西南油气田分公司重庆气矿等单位相关领导和技术研究人员，以及科学出版社编辑的关心和帮助，在此一并表示诚挚的谢意！

由于本书内容繁多，囿于作者水平所限，书中难免存在疏漏和不当之处，恳请读者批评指正。

作　者
2023 年 10 月

目　　录

第1章　白云岩-蒸发岩共生体系概述

前寒武纪至全新世白云岩常与蒸发岩共生，并且在全球尺度下均可追踪到这种共生现象，究竟是什么原因促使白云岩-蒸发岩共生体系发育，什么因素在幕后促成了二者间如此紧密的联系，目前尚不明朗。若能厘清二者间的关系、耦合机制、形成过程及影响因素，或许对于"白云岩问题"以及优质盐下白云岩储层勘探开发能有进一步的认识。

目前白云岩-蒸发岩共生体系(以下简称共生体系)在古气候、古环境重建和油气勘探中扮演着越来越重要的角色，并引起了国际上诸多学者的关注(Mazumdar and Strauss，2006；Allen，2007；胡安平等，2019；Prince et al.，2019)。在共生体系中已发现了优越的储盖组合和丰富的油气资源，显示出很好的勘探潜力，包括桑托斯盆地、阿姆河盆地、西伯利亚盆地等(刘小平等，2015；史卜庆等，2021；孙旭东等，2021)，国内的塔里木盆地、鄂尔多斯盆地和四川盆地等。尽管前期部分学者开展了相关的研究，如从白云岩成因研究(任影等，2016；包洪平等，2017)、白云岩的油气储集特征(郑剑锋等，2013；包洪平等，2017；于洲等，2018)、蒸发岩形成过程(Warren，2010)、储(白云岩)盖(蒸发岩)组合对于油气储集的影响(杜金虎和潘文庆，2016)、蒸发岩对于储层的影响(付斯一，2019)、古气候变迁决定了共生组合序列及有利的储集组合特征(胡安平等，2019)等角度进行了讨论，但共生体系在形成过程中受复杂的沉积-成岩条件影响，其时空分布、沉积特征、矿物组合、地球化学特征、微生物作用、流体来源、流体运移路径、流体驱动力、古气候记录等系列科学问题有待深入研究和揭示。若能针对共生体系开展系统研究或许可以为解决"白云岩问题"提供新的途径，同时将为推动白云岩-蒸发岩共生体系重要基础地质问题的揭示和体系内油气资源勘探取得突破提供指导。通过对国内外大量文献的调研，结合笔者团队多年来对白云岩-蒸发岩共生体系的认识，探讨了白云岩-蒸发岩共生体系的发育特征、成岩作用及流体特征、形成过程、控制因素及研究意义，提出了白云岩-蒸发岩共生体系研究存在的问题及下一步的研究方向，并为未来研究提供启示。

1.1　共生体系全球时空分布特征

对白云岩-蒸发岩共生体系的系统研究有助于我们对大陆、海洋(包括海水、沉积岩和玄武岩等)和大气间长期物质循环的理解。通过调研全球范围内共生体系相关资料，建立了相关数据库，开展了系统总结对比，发现白云岩-蒸发岩共生现象在全球范围内不同地质历史时期普遍存在,但目前共生体系的研究仍处于初级阶段。发现的共生体系时空分布特点如下。

已有文献报道的共生体系广泛分布于 51 个地区,以北半球为主要分布区,且亚洲分布最多;其次为欧洲和北美洲,非洲分布相对较少。此外,在南美洲及大洋洲也有零星分布(图 1.1)。文献报道的共生体系分布层位众多,从前寒武纪到第四纪均有分布,具体如下。

(1)前寒武纪共生体系主要发育在亚洲,如中国四川盆地(王立成等,2013)、阿曼费胡德(Fahūd)盐盆(Schröder et al.,2003)、印度比卡内尔-纳高尔(Bīkaner-Nāgaur)盆地(Prasad et al.,2010)。此外,还有澳大利亚阿马迪厄斯(Amadeus)盆地(Schmid,2017)和加拿大维多利亚(Victoria)岛(Turner and Bekker,2016)。

(2)寒武纪共生体系大都发育于亚洲(图 1.1),如中国四川盆地(杜金虎等,2016;顾志翔等,2019)、塔里木盆地(刘丽红等,2021;景帅,2020)、松辽盆地(吴赟,2019)、渤海湾盆地(邹佐元等,2020)和阿曼盐盆(Grotzinger and Al-Rawahi,2014)。

(3)奥陶纪和志留纪共生体系数量明显减少,主要分布于北美洲(图 1.1、图 1.2),如美国威利斯顿(Williston)盆地(Husinec,2016)、美国北下密歇根(Northern Lower Michigan)(Black,1997)盆地和加拿大密歇根(Michigan)盆地(Coniglio et al.,2004),在中国鄂尔多斯盆地(包洪平等,2017;付斯一等,2019;苏中堂等,2011)和澳大利亚卡那封(Carnarvon)盆地(El-Tabakh et al.,2004)也有分布。

(4)泥盆纪和石炭纪共生体系分布同样较少,均分布于北半球(图 1.1、图 1.2),如加拿大艾伯塔(Alberta)盆地(Machel and Buschkuehle,2008)、爱尔兰伦斯特山脉(the Leinster Massif)(Nagy,2005)、哈萨克斯坦里海盆地(郭凯等,2016)和中国四川盆地(郑荣才等,2010)等。

(5)二叠纪共生体系数量急剧增加,在全球范围内有 15 个国家分布(图 1.1、图 1.2),主要集中于欧洲和亚洲,如德国黑森(Hessen)盆地(Becker and Bechstädt,2006)、伊朗扎格罗斯(Zagros)盆地(Amel et al.,2015)和中国准噶尔盆地(张杰等,2012)等,其次在北美洲和南美洲也有少量分布,如美国俄克拉何马州(Oklahoma)(Raines and Dewers,1997)和巴西帕拉南(Paranã)盆地(Calca et al.,2016)等。

(6)三叠纪和侏罗纪共生体系数量较二叠纪共生体系明显降低,全部分布于亚洲(图 1.1、图 1.2),如中国四川盆地(Sun et al.,2019;Li et al.,2021)、江汉盆地(金之钧等,2006)和伊朗萨尔曼(Salman)油田(Beigi et al.,2017)等。

(7)白垩纪共生体系数量相对增加,主要分布于亚洲和非洲(图 1.1、图 1.2),如伊朗伊兰库(Irankuh)矿区(Boveiri Konari and Rastad,2018)、埃及苏伊士湾(the Gulf of Suez)盆地(Wanas,2002)、利比亚库夫拉(Kufra)盆地(Lüning et al.,2000)等,欧洲仅西班牙卡梅罗斯(Cameros)盆地见相关报道(Quijada,2020)。

(8)古近纪、新近纪和第四纪共生体系总体数量较少,集中分布于欧洲和亚洲(图 1.1、图 1.2),如土耳其锡瓦斯(Sivas)盆地(Gündogan et al.,2005)、西班牙巴萨(Baza)盆地(Gibert et al.,2007)和中国柴达木盆地(王晓晓等,2020)等。

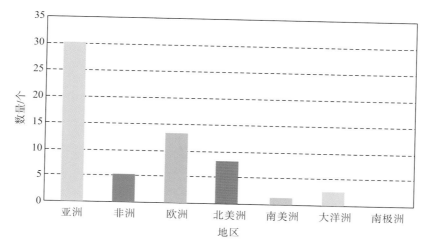

图 1.1　白云岩-蒸发岩共生体系全球分布统计图

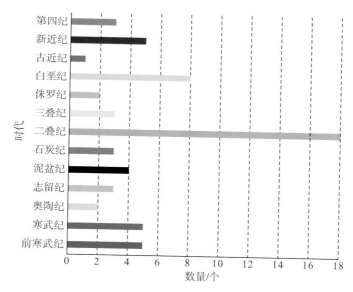

图 1.2　白云岩-蒸发岩共生体系在各地质时代的发育程度(据文华国等，2021 修改)

1.2　共生体系发育特征概述

1.2.1　共生体系常见岩性组合类型

共生体系具有独特的岩性组合序列(Strohmenger et al.，2010；胡安平等，2019)，可划分为五类(图 1.3)，包括：①白云岩与蒸发岩互层；②厚层白云岩上覆于厚层蒸发岩；

③厚层蒸发岩上覆于厚层白云岩；④厚层白云岩夹薄层蒸发岩；⑤厚层蒸发岩夹薄层白云岩。

（1）白云岩与蒸发岩互层：该类岩性组合是共生体系中最常见的一种[图 1.3、图 1.4（A）]，主要受气候与海平面多期快速变化影响（Schröder et al.，2003；王立成等，2013；Turner and Bekker，2016；Jiang et al.，2018；胡安平等，2019）。不同地区单个旋回因沉积环境、气候因素等具有不同特征，如加拿大西北地区 Ten Stone 组发育的白云岩与石膏互层，因低盐度海水的突然侵入显示出白云岩与蒸发岩的突变接触（Turner and Bekker，2016），而在鄂尔多斯盆地靳 2 井下奥陶统马家沟组五段（马五段）发育白云岩与膏盐岩互层，且向上膏盐岩含量逐渐增加序列，反映了气候逐渐变干旱（胡安平等，2019）。

（2）厚层白云岩上覆于厚层蒸发岩[图 1.3、图 1.4（B）]：该类岩性组合可反映气候由干旱向潮湿迁移，如四川盆地中三叠统雷口坡组依次出现膏盐岩、膏云岩、藻云岩、藻灰岩组合序列，指示了气候的逐渐潮湿过程（胡安平等，2019）；也可能反映的是海水的淡化过程，如阿曼南部 Minassa-1 井中沉积的一套共生组合，自下而上由硬石膏逐渐向白云岩转变，表明同期海水盐度逐渐降低（Grotzinger and Al-Rawahi，2014）。

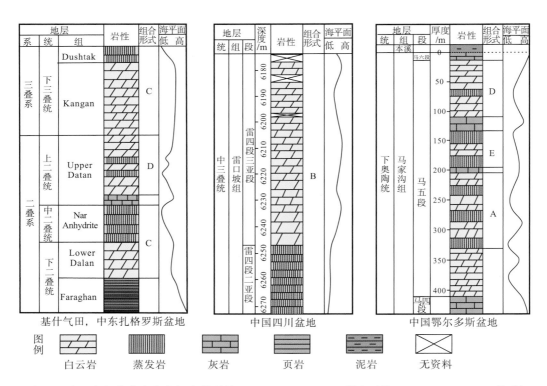

图 1.3　白云岩与蒸发岩共生组合类型（据 Amel et al.，2015；胡安平等，2019；Liu，2020 修改）

A. 白云岩与蒸发岩互层；B. 厚层白云岩上覆于厚层蒸发岩；C. 厚层蒸发岩上覆于厚层白云岩；

D. 厚层白云岩夹薄层蒸发岩；E. 厚层蒸发岩夹薄层白云岩

（3）厚层蒸发岩上覆于厚层白云岩[图 1.3、图 1.4(C)]：该类岩性组合的形成可分为两种情况，一种是蒸发岩直接沉积于早期形成的白云岩上，如意大利墨西拿地区沉积的共生体系由于地中海处于封闭环境，随着海水蒸发，在深水层硫酸盐的消耗量大于其注入量，因此发育了一套下部白云岩、上部蒸发岩的沉积序列（De Lange and Krijgsman，2010）；另一种则是蒸发岩覆盖在灰岩上，后期发生白云石化（Amel et al.，2015）。

（4）厚层白云岩夹薄层蒸发岩[图 1.3、图 1.4(D) 和 (E)]：蒸发岩常呈薄层状夹于白云岩中，或以胶结物、结核等形式发育在白云岩裂缝中（郑剑锋等，2013；张静等，2017；Jiang et al.，2018）。例如，四川盆地三叠系嘉陵江组双 15 井发育于浅水局限台地的白云岩，其发育的裂缝中常充填有薄层状石膏。

（5）厚层蒸发岩夹薄层白云岩[图 1.3、图 1.4(F)]：蒸发岩中发育的白云岩可能由渗透回流作用形成，也可能由微生物诱导形成（Mónica et al.，2009；胡安平等，2019）。例如，四川盆地雷口坡组中 46 井中发育一套典型的蒸发岩夹白云岩组合，其顶底均为蒸发岩，中部夹薄层白云岩，其主要由渗透回流作用形成；在塔里木盆地和田 1 井中寒武统膏岩层段发现有原生球形白云岩，研究推测为微生物诱导的原生白云岩（王小林等，2016），形成环境相较于蒸发岩更为湿润。

图 1.4　白云岩-蒸发岩共生体系典型岩性组合（文华国等，2021）

(A)白云岩与蒸发岩互层分布，加拿大西北地区 Ten Stone 组（Turner and Bekker，2016）；(B)白云岩沉积于蒸发岩之上，阿曼 Ara 群，Minassa-1 井，3449.8m（Grotzinger and Al-Rawashi，2014）；(C)蒸发岩沉积于白云岩之上，四川盆地雷口坡组，中 46 井，3199.3m；(D)白云岩夹蒸发岩，挪威西斯匹次卑尔根岛下二叠统 Gipshuken 组（Sorento et al.，2020）；(E)蒸发岩充填于白云岩裂缝中，四川盆地嘉陵江组，双 15 井，3213.74m；(F)蒸发岩夹白云岩，四川盆地雷口坡组，中 46 井，3286.8m

1.2.2　共生体系中蒸发岩特征

共生体系中的蒸发岩主要包括石膏岩和盐岩两种，根据其形态和结构特征可将石膏岩进一步划分为五类：薄层状、块状、"鸡笼铁丝"状、结核状、角砾状石膏岩，而盐岩主要为石盐。

（1）薄层状石膏岩：该类石膏岩呈薄层状或浪成波纹状与薄层泥晶白云岩交替出现

［图 1.5（A）］。石膏岩单层厚毫米级到厘米级不等，其内少见生物化石或生物扰动痕迹，表明该种高盐度环境不适合生物生长（Borrelli et al.，2021）。微观尺度下，石膏晶体以聚集体的形式分布于深色富含黏土白云岩的基质中，呈自形-半自形晶，石膏晶体粒度一般在 0.2～0.5mm，有时呈聚片双晶［图 1.5（B）］，如意大利南部墨西拿阶（Messinian Stage）（Borrelli et al.，2021）、澳大利亚阿马迪厄斯盆地新元古界 Gillen 组（Schinteie and Brocks，2017）和塔里木盆地寒武系等（Chen et al.，2020）。

（2）块状石膏岩：无明显内部结构，层厚在 3cm 到几米不等，岩性致密，呈浅灰色或乳白色［图 1.5（C）］，主要由密集堆积的晶体组成，如突尼斯盖尔萨盐沼（Chott el Gharsa）地区第四纪早期和鄂尔多斯盆地奥陶系马家沟组（Liu et al.，2020）。

（3）"鸡笼铁丝"状石膏岩：可看作浅色石膏结核被不规则细长的深色沉积物分隔开，如碳酸盐黏土基质或有机物质，呈"鸡笼铁丝"状［图 1.5（D）］，如伊朗波斯湾侏罗系 Surmeh 组（Beigi et al.，2017）和土耳其锡瓦斯盆地 Tuzhisar 组（Gündogan et al.，2005）。

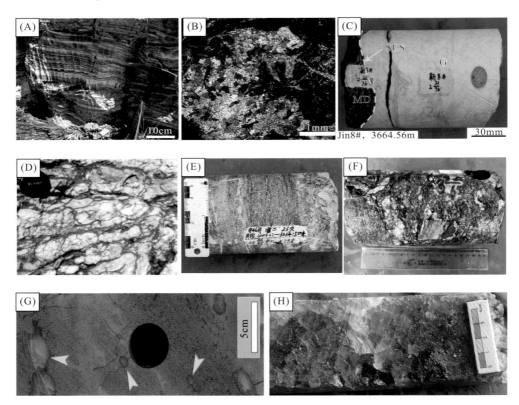

图 1.5　白云岩-蒸发岩共生体系中蒸发岩典型特征（据文华国等，2021）

(A)层状晶石膏与泥晶白云岩呈韵律层，地中海中部墨西拿阶，意大利(Borrelli et al.，2021)；(B)石膏聚集体，具有聚片双晶的特征(红色箭头)，塔里木盆地寒武系(Chen et al.，2020)；(C)浅灰色块状石膏岩，鄂尔多斯盆地马家沟组(Liu et al.，2020)；(D)"鸡笼铁丝"状石膏岩，被不规则细长的碳酸盐黏土基质分隔开，锡瓦斯盆地 Tuzhisar 组，土耳其(Gündogan et al.，2005)；(E)白云岩中断续相连的透镜状石膏结核，四川盆地雷口坡组，中 46 井，3213.6m；(F)石膏和碳酸盐组成的角砾岩，塔里木盆地寒武系，ZS-5 井，6194m(Jiang et al.，2018)；(G)椭球状石膏结核，波斯湾盆地萨尔曼油田 Surmeh 组，伊朗(Beigi et al.，2017)；(H)褐红色石盐，四川盆地嘉陵江组，3072.68m，万盐 104 井；MD.泥晶白云岩；SES.暴露面；G.石膏岩

（4）结核状石膏岩：该类石膏岩最为常见，如四川盆地三叠系雷口坡组（沈安江等，2008）、西班牙巴萨盆地第四纪（Gibert et al.，2007），其通常有两种存在形式，一是以分散的球状或椭球状结核产出于白云岩中［图 1.5（G）］，结核大小从几毫米到几厘米不等；二是呈断续相连的透镜状结核产出于薄层状白云岩中［图 1.5（E）］。结核中石膏晶体通常呈不规则粒状或细小板状［图 1.5（G）］。

（5）角砾状石膏岩：角砾状结构，石膏与白云岩角砾常由暗色泥岩分割开，呈灰白色，大小在 0.2～5cm，呈次圆状-次棱角状，宏观及微观下，角砾岩块呈定向排列［图 1.5（F）］。值得注意的是，石膏与白云岩互层后被分裂成碎屑，这可能与原岩被剥离或其本身塑性特征有关。

（6）石盐：褐红色、浅灰色或无色、中细粒、半自形-它形粒状晶体。褐红色石盐由小晶体组成，通常与硬石膏结核接触［图 1.5（H）］，如四川盆地三叠系嘉陵江组和雷口坡组（黄熙，2013）。

1.2.3 共生体系中白云岩特征

共生体系中常见的白云岩类型包括晶粒白云岩、颗粒白云岩和微生物白云岩三大类，进一步可划分为以下几类。

（1）晶粒白云岩：共生体系中晶粒白云岩主要为泥粉晶白云岩，为准同生期白云石化作用的产物。其形成与干旱气候条件下高盐度卤水的快速交代有关，因白云石结晶速度相对较快，因此白云石晶体较小，自形程度较差，以泥粉晶白云岩为主，一般伴有少量的粉砂、泥质和生物碎屑等。宏观岩性上泥粉晶白云岩呈灰褐色、土黄色，整体为块状，层理不发育，常含有石膏、盐岩等蒸发岩，石膏呈结核状、柱状，常被溶蚀为蜂窝状或局部富集状分布于白云岩中（冯强汉等，2021）。镜下泥粉晶白云岩以暗色为主，可见水平薄层状构造，常与白色膏岩互层分布，或是白云岩中夹有大量石膏斑块、结核［图 1.6（A）、（B）］，而此类石膏常被大气淡水溶蚀形成膏模孔，可作为一种良好的储集空间类型［图 1.6（C）］（Jiang et al.，2018；Liu et al.，2020），如四川盆地寒武系沧浪铺组、洗象池组、龙王庙组，三叠系雷口坡组、嘉陵江组等。

（2）颗粒白云岩：共生体系中颗粒白云岩主要分为鲕粒白云岩和砂砾屑白云岩。

①鲕粒白云岩常发育于浅滩环境，主要由渗透回流白云石化作用形成（任影等，2016）。宏观上呈浅灰-灰褐色，以中-薄层状或透镜状为主，微观镜下可见鲕粒由泥晶-粉晶白云岩组成，呈圆球状或椭球状，分选性与磨圆度均较好，鲕粒含量为 60%～80%，粒间有白云石和石膏胶结物［图 1.6（D）］，如四川盆地三叠系雷口坡组。

②砂砾屑白云岩，其原岩多为砂砾屑泥粉晶灰岩，经较强白云石化作用后形成残余砂屑白云岩，主要发育于盐下高地貌潮下浅滩环境。砂屑分选较好，为次圆状-次棱角状，砂屑含量为 40%～60%，粒度介于 0.2～1.5mm，砂砾屑成分主要为泥粉晶白云石、泥粉晶白云石，砂屑往往与生物屑伴生，常见介形虫化石［图 1.6（E）］，如四川盆地寒武系洗象池组、三叠系嘉陵江组。

（3）微生物白云岩：共生体系中还可见由微生物诱导而沉淀的白云岩，主要包括叠层石白云岩和凝块石白云岩。该类白云岩在扫描电镜下常呈球状、哑铃状和纺锤状等[图 1.6（F）、（G）]。

①叠层石白云岩呈泥晶结构，常见有叠层石构造发育，暗层为藻白云石，明亮层以泥晶白云石为主，白云石含量变化范围较大（75%～98%），一般在 90%左右，叠层石间充填石膏及藻屑，格架孔中亦常有石膏充填，偶有亮晶方解石，石膏含量为 1%～12%，泥质含量较少，为 1%～5%。亮层内发育原生生物格架孔，孔径为 20～200μm，面孔率为 6%～15%，部分孔隙被亮晶方解石及硬石膏充填[图 1.6（H）]，如鄂尔多斯盆地奥陶系马家沟组。

②凝块石白云岩呈深灰色-灰黑色，呈透镜状或丘状产出，具有凝块结构，微观镜下凝块石由暗色凝块和浅色凝块间胶结物组成，暗色凝块多呈不规则状，个体大小不一，成分以泥-粉晶白云石为主，凝块彼此连接成网状格架，格架间充填浅色的亮晶胶结物[图 1.6（I）]，如塔里木盆地寒武系。

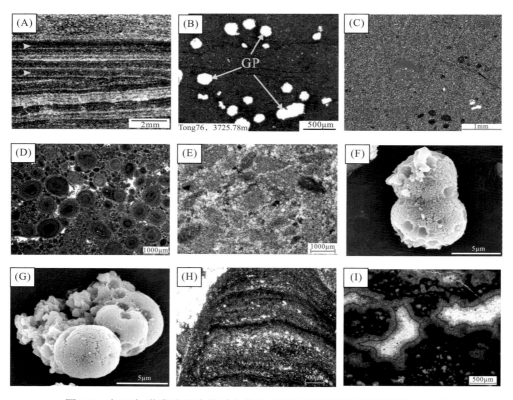

图 1.6　白云岩-蒸发岩共生体系中的白云岩典型特征（据文华国等，2021）

（A）泥晶白云岩（黄色箭头）与膏岩（绿色箭头）水平互层，单偏光照片，鄂尔多斯盆地马家沟组（Xiong et al.，2020）；（B）泥晶白云岩中的膏模孔（GP），单偏光照片，鄂尔多斯盆地马家沟组（Liu et al.，2020）；（C）泥晶白云岩中硬石膏被溶解形成铸模孔，蓝色铸体，单偏光照片，塔里木盆地中下寒武统，YH10 井；（D）鲕粒白云岩，单偏光照片，四川盆地雷口坡组，双探 102 井，5127.57m；（E）砂屑白云岩，可见石膏胶结物，四川盆地嘉陵江组，TF7 井，1351.03m；（F）、（G）微生物介导白云石，呈哑铃状、球状（Qiu et al.，2017）；（H）叠层石白云岩，含石膏，鄂尔多斯盆地马家沟组，米 75 井，2548.5m；（I）微生物白云岩，格架孔被硬石膏充填，塔里木盆地中下寒武统（Chen et al.，2020）

1.2.4 共生体系特殊性与普遍性

1. 特殊性

(1)特殊的沉积环境。共生体系仅发育于水体相对局限的沉积环境，如潮坪-潮上带、潟湖、局限-蒸发台地等。

(2)多样的共生岩性组合。共生体系可以是同一时期的共生，也可以是不同时期的共生，可划分为五类独特的岩性组合序列。

(3)共生体系下白云石粒径较小，白云石晶体大小主要为泥晶级至粉晶级，仅少数可达粉晶级。

①共生体系下白云石成因多样，既有嗜盐细菌的大量繁殖并诱导形成的原生白云石，也有富 Mg^{2+} 流体作用形成的次生白云石，具体成因还有待揭示。

②共生体系下矿物既可以恢复沉积期古环境、古水体等信息，也可以反映成岩期流体演化等信息。蒸发岩作为一种化学沉积岩，记录了古环境、古气候、古海水化学性质等信息；共生体系下微生物诱导形成的原生白云石可反映沉积期微生物的形成与演化等信息；而高含 Mg^{2+} 流体作用形成的白云石可揭示成岩演化、成岩流体等信息。因此，共生体系对于地球地质历史演化的理解具有特殊意义。

2. 普遍性

(1)共生组合普遍发育于海相和陆相咸水盆地(或盐湖)中。

(2)共生体系下白云岩孔隙发育，储集性能好，与其上部发育的蒸发岩可构成良好的储盖组合。

(3)共生体系中普遍具有原生和交代共同形成的白云石。

(4)共生体系普遍形成于海平面较低、水体局限、气候干旱的环境，沉积区的蒸发量远远大于其降水量，是蒸发岩形成的必要条件。

(5)横向上呈连片分布，纵向上白云岩与蒸发岩交替出现。

1.2.5 共生体系地球化学特征

有关共生体系的地球化学特征研究报道极少，本书研究通过梳理已公开资料，结合笔者认识大致归纳为以下几点。

共生体系下白云岩通常具有如下地球化学特征：①较高的 Sr 和 Na 含量，表明其形成于盐度较高的环境(苏中堂等，2011)；②δCe 和 δEu 弱负异常或无异常，指示该类白云岩形成于弱氧化-弱还原环境，且未遭受大规模热液流体影响(付斯一，2019)；③$\delta^{13}C$ 和 $\delta^{18}O$ 相比海水或海水胶结物更偏正(郑剑锋等，2013；任影等，2016；邹佐元等，2020)；④较低的包裹体温度(校正温度约为 25℃)(苏中堂等，2011)；⑤喜氧、喜盐微生物白云岩的 $\delta^{13}C$ 为-10‰(PDB 标准)左右，$\delta^{18}O$ 则一直较稳定，为 2‰~3‰(PDB 标准)(王金艺和金振奎，2021)；⑥硫酸盐还原菌白云岩的 $\delta^{13}C$ 介于-10‰～-5‰(PDB 标准)，$\delta^{18}O$ 为 2‰～5‰(PDB 标准)(王金艺和金振奎，2021)。

共生体系下蒸发岩通常具有的地球化学特征包括：①较高的 $\delta^{34}S$，代表封闭的咸水条件(Meng et al.，2019；Prince et al.，2019)；硬石膏的高 $\delta^{34}S$ 代表了高温及缺氧条件(赵海彤等，2018)；②白云岩中大多数岩盐胶结物具有更高的溴含量(平均 $Br_{纯岩盐}=79\times10^{-6}$；平均 $Br_{碳酸盐中岩盐}=213\times10^{-6}$)(Schoenherr et al.，2009)；③蒸发过程中石膏更富集 ^{18}O，如塔里木盆地寒武系ZS-5 井的硬石膏 $\delta^{18}O$ 介于 10.9‰～15.7‰(SMOW标准)(Meng et al.，2019)。

要全面了解共生体系中白云岩和蒸发岩的沉积-成岩演化特征、古信息恢复等，就必须系统地比较不同沉积环境共生体系的地球化学特征，特别关注周期性变化。然而，针对共生体系下白云岩和蒸发岩的可用地球化学分析极少，目前很难对共生体系下的地球化学特征进行系统研究，在以后的工作中笔者会分不同岩石类型或岩石组合着重对不同科学问题开展相应地球化学特征研究。

1.2.6　共生体系中微生物白云岩与沉积序列

共生体系中可以观察到微生物作用的痕迹(Hu et al.，2019)。由于蒸发岩与白云岩共生体系形成在较干旱的气候背景中，随着盐度升高，嗜盐古菌或硫酸盐还原菌、产甲烷古菌开始繁盛。国内研究人员通过 *Natrinemas* sp.(极端嗜盐古菌)、*Haloferax volcanii*(沃氏富盐菌)作用 72h 后沉淀了白云石，与 Vasconcelos 等(1995)和 Warthmann 等(2005)实验沉淀的白云石具相似的球形特征，研究发现嗜盐古菌表面的羧基官能团对白云石沉淀起到重要作用(Roberts et al.，2013)。实验证实了蒸发环境虽然有利于嗜盐古菌的繁衍，但短时间蒸发过程不会显著影响微生物诱导原白云石沉淀，只有盐度达到嗜盐古菌繁盛的盐度范围，才会导致嗜盐古菌的大量繁殖并诱导形成白云石。

随着气候进一步干旱、盐度继续升高，嗜盐古菌或其他细菌开始死亡，出现石膏结核沉淀，形成膏云岩，当盐度增高至 35%时，开始出现石膏或石盐沉积(胡安平等，2019)。由此认为，蒸发环境中嗜盐古菌大量发育有利于白云石化作用的发生，但盐度超过了微生物生存的范围将不利于微生物白云石化作用的进行。因此，虽然高盐度环境中衍生出的微生物对白云石的形成具有一定的贡献，但盐度不能高于嗜盐古菌的生存范围(Bontognali et al.，2014；Vasconcelos et al.，1995)。

1.3　共生体系成岩作用及流体特征

1.3.1　成岩作用类型概述

目前，针对共生体系成岩作用的研究较少，尚未见共生体系下的成岩作用类型专门研究。但沉积-成岩环境不同，其成岩演化序列必然存在差异，除生物作用外，共生体系中普遍存在复杂的成岩作用(Caruso et al.，2015)。

(1)蒸发岩经历的成岩作用主要分为以下三个方面。

①同生-准同生期，受大气降水、地层水等流体的直接作用，蒸发岩类受岩溶作用改造，形成溶蚀洞穴，导致蒸发岩局部缺失，如西西里(Ruggieri et al.，2017)、美国大部分州(Husinec and Harvey，2021)、西班牙(Gutiérrez et al.，2015)等地。

②除岩溶作用外，蒸发岩随埋深增加受到水动力条件和区域构造应力环境的影响发生侧向运移或向上流动，导致局部区域蒸发岩缺失(Warren，2016)。

③蒸发岩中发生的硫酸盐热化学还原(thermochemical sulfate reduction，TSR)作用促使孔渗增加，这不仅可以改变白云岩孔渗关系(张水昌等，2011)，还可为蒸发流体提供良好运移路径，有利于共生体系中大规模白云岩的形成。

(2)共生体系中白云岩经历的成岩作用也主要分为三个方面：白云石化作用、去白云石化作用、溶解作用(Chen et al.，2020)。

①白云石化作用。同生-准同生阶段，成岩作用包括胶结作用、选择性溶蚀作用以及白云石化作用。第一、二期方解石胶结物发生白云石化作用会发育较多的晶间孔，经过同生-准同生期溶蚀作用，可发育一定数量的粒内溶孔、铸模孔和粒间溶孔(徐云强等，2021)。浅埋藏-较深埋藏的成岩阶段，沉积物遭受来自上覆地层的机械压实，随晚期成岩阶段埋藏深度不断增大，重结晶作用使共生体系中早期形成的泥-粉晶白云石转变为粉-细晶白云石(吴仕强等，2008)。

②去白云石化作用。共生体系中的白云石发生去白云石化作用。去白云石化作用是一种重要的成岩作用类型，流体性质被认为是影响去白云石化作用的关键。早在 20 世纪初，有学者就发现了一种与蒸发岩相关的去白云石化作用(Budai et al.，1984)。伴随着硬石膏的溶解，成岩流体中 Ca^{2+} 含量增大，导致 Ca/Mg 比值(即 Ca 与 Mg 的浓度之比)增高，促进白云石被方解石交代。去白云石化作用主要发生在晶体生长快、有序度差、存在缺陷的白云石晶体边缘。一般认为，共生体系下的白云石容易发生去白云石化作用，如西班牙埃布罗(Ebro)盆地(Arenas et al.，1999)和卡拉塔尤(Calatayud)盆地(Sanz-Rubio et al.，2001)，瑞士和法国汝拉(Jura)山脉(Rameil，2008)，意大利阿尔卑斯山南部(Kenny，1992)等。

③溶解作用。共生体系下溶解作用常与其他成岩作用同时进行，如在近地表发现同生-准同生期海水、大气水等溶解方解石颗粒和未完全白云石化颗粒，在白云石基质中产生粒间溶孔。另外，蒸发岩也经常被大气水溶解，形成明显的孔隙，这为与白云石化作用有关的高 Mg/Ca 比值流体提供了运移通道。到了中-晚埋藏阶段，热液、有机酸等流体不仅可将硬石膏、石盐等溶解形成孔隙，也可将白云石溶解形成大量的粒间溶孔和粒内溶孔，这些过程无疑可为油气赋存提供有利条件(付斯一，2019)。

1.3.2　成岩流体特征及流体运移路径

关于共生体系成岩流体的研究极少有报道。共生体系中蒸发岩是由日光蒸发驱动地表卤水和近地表卤水饱和而沉淀的物质，记录了古环境、古气候以及古海水化学等信息。以石盐为例，原生流体包裹体的均一温度能反演蒸发盆地的古温度（Meng et al.，2011），元素含量可用于重建古海水化学成分（Horita，2014；Timofeeff et al.，2006）。

共生体系下发生白云石化作用的流体来源主要为高盐度、高 Mg/Ca 比值的盐水。蒸发条件下，蒸发岩的形成会消耗流体中的 Ca^{2+}，使流体具有较高的 Mg/Ca 比值，存在灰质前驱物的情况下，这种高盐度的卤水会交代灰质沉积物，从而形成白云石，与此同时，$CaSO_4$ 在强烈的蒸发过程中沉淀形成蒸发岩。共生体系有利于白云石形成的条件包括：①Mg^{2+} 浓度随海水蒸发逐渐增加；②有机物分解消耗 SO_4^{2-}；③SO_4^{2-} 含量增加（Caffrey and Hing，1987；De Lange et al.，1990）。如在热带低纬度的威利斯顿盆地上凯迪阶（Katian Stage）地区随着蒸发岩沉淀，携带高 Mg^{2+} 含量的盐水渗透回流导致浅潮间带沉积层的白云石化作用，形成共生体系（Husinec，2016；Husinec and Harvey，2021）。

针对共生体系成岩流体运移路径的研究几乎没有，但前人常利用C、O、Sr等传统同位素与同期海水进行对比或根据数值的不同变化进行模拟，分析成岩流体来源、性质等（Haeri-Ardakani et al.，2013；文华国等，2017；刘嘉庆等，2020；郑浩夫等，2020）。而Mg同位素作为一种新兴的非传统同位素地球化学手段，对成岩流体运移路径的研究有着良好的效果。共生体系形成时的强蒸发过程导致的分馏会使同时期的海水逐渐富集 ^{26}Mg，导致后期形成的白云岩Mg同位素变重，在垂向剖面中 $\delta^{26}Mg$ 呈向上增加趋势，瑞利分馏模型可以对这一过程进行模拟。近源白云石化流体的垂向迁移会在垂向剖面上形成 $\delta^{26}Mg_{白云岩}$ 向下增大的趋势，$\delta^{26}Mg_{白云岩}$ 的绝对值受 $\delta^{26}Mg_{流体}$ 的影响而改变，但 $\delta^{26}Mg_{白云岩}$ 向下增大的这一趋势不会改变；在远源白云石化流体迁移过程中，富Mg流体在静水压力梯度的作用下可能发生横向迁移，随着迁移距离的增大，$\delta^{26}Mg_{白云岩}$ 逐渐增大，但在与源区距离相等的垂向剖面上，其 $\delta^{26}Mg$ 保持不变，$\delta^{26}Mg_{白云岩}$ 的绝对值会受 $\delta^{26}Mg_{流体}$、距离源区的距离、流体迁移速率等因素影响，而 $\delta^{26}Mg_{白云岩}$ 在垂向上的趋势不会改变（Ning et al.，2020）。因此，可以利用Mg同位素来判断白云岩-蒸发岩共生体系中白云岩的 Mg^{2+} 来源及白云石化流体演化路径，这也是后期研究共生体系成岩流体的重点。

1.4　共生体系的形成过程

白云岩是一种由钙离子、镁离子和碳酸根离子组成的岩石类型（Riechelmann et al.，2020）。它的三种组分排列非常有序，即钙离子层和镁离子层交替出现，中间隔着碳酸根离子层。常见的白云石因含铁等杂质而呈灰色，风化后呈褐色，但是纯净的白云石在手标本上为云彩一样的白色。蒸发岩是由湖盆、海盆中的卤水经蒸发、浓缩，盐类物质依不同的溶解度结晶而形成的一种化学沉积岩（Warren，2006），主要由卤化物（石盐、钾盐、光卤石等）、硫酸盐（石膏、硬石膏、芒硝、无水芒硝、杂卤石等）、硝酸盐（硝石等）、碳酸盐（苏打、天然碱等）和硼酸盐（硼砂等）等矿物组成（Warren，2006，2016；Chen et al.，2020）。通常沉积蒸发岩的同时，也往往形成多种白云岩，这种伴生现象在地层中常呈规律性分布，形成了白云岩-蒸发岩共生体系。

1.4.1　共生体系下蒸发岩成因

如果蒸发岩完全由蒸发作用形成，则海水要蒸发掉 40%以上，盐度达 19%（正常海水盐度为 3.5%）时才开始沉淀（Warren，2016）。蒸发岩可被细分为蒸发碱土碳酸盐（文石、低镁方解石和高镁方解石）和蒸发岩盐（石膏、硬石膏、石盐、天然碱、光卤石等）（Warren，2016）。膏盐岩在蒸发岩中是较为常见的类型，分布规模较大（Chen et al.，2020）。尽管前人提出了各种假说来解释蒸发岩成因，但大规模蒸发岩成因仍不清晰。目前，"潮上塞卜哈"和"水下浓缩沉淀"两种模式用于解释浅层蒸发岩的成因得到较多认可（图 1.7）。无论何种成因模式，蒸发岩矿物的形成都需要同时具备下列三项基本条件：①水体富含各种盐类溶质；②干旱气候条件；③局限环境。蒸发岩矿物的形成需要太阳能的蒸发效应，但不同水体在蒸发作用过程中有不同的矿物析出序列。

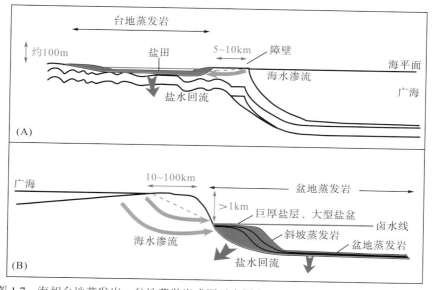

图 1.7　海相台地蒸发岩、盆地蒸发岩成因示意图（Warren，2006；文华国等，2021）

以现代海水为例（Warren，2010），当海水盐度蒸发浓缩至原始海水的 1.5～3 倍时，HCO_3^- 和一部分的 Ca^{2+} 开始被消耗，形成碳酸盐；当海水盐度蒸发浓缩至 5～6 倍时，HCO_3^- 消耗殆尽，硫酸钙开始析出，SO_4^{2-} 和 Ca^{2+} 继续被消耗，直到 Ca^{2+} 消耗殆尽（现代海水 SO_4^{2-} 摩尔分数大于 Ca^{2+}）；当海水盐度蒸发浓缩至 10～11 倍时，石盐开始析出，Na^+ 和 Cl^- 开始消耗，在此阶段，卤水中主要含有 Na^+、Cl^-、Mg^{2+}、K^+ 和 SO_4^{2-}，随着石盐不断析出，Na^+ 含量不断减少，卤水中主要含 Mg^{2+}；当海水盐度蒸发浓缩至 60～70 倍时，Mg 盐开始析出，随着 Mg 盐的析出，卤水变得更加富 K^+，此时继续蒸发，将析出钾盐镁矾和光卤石等矿物。

不仅是海水可以形成大规模的蒸发岩，陆相盐湖也可形成大规模的蒸发岩，如大多数第四纪以来的石盐卤水皆来自陆相盐湖（Hardie，1987），这种非海相蒸发岩也引起了学界重视，如对中国内陆青海湖的研究揭示了完全不同于海水的析盐序列和矿物组合（胡光明等，2006）。这些各具特色的海相/非海相蒸发岩研究，丰富了蒸发岩研究体系。

1.4.2　共生体系下白云岩成因

自 1791 年，法国学者多洛米厄（Déodat Gratet de Dolomieu）首次描述白云石后，白云石成因一直是学界关注和研究的热点，目前已有众多白云石化模式被提出，如塞卜哈模式（Hsü and Schneider，1973）、渗透回流模式（Adams and Rhodes，1960）、混合水模式（Badiozamani，1973）、埋藏模式（Amthor et al.，1993）、海水热对流模式（Evans and Nunn，1989）和微生物模式（Vasconcelos and McKenzie，1997）等（图 1.8）。

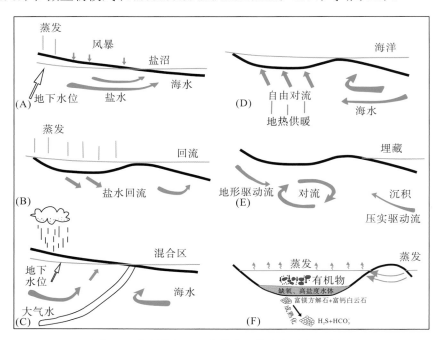

图 1.8　典型的白云石化模式及其水文过程示意图

（Allan and Wiggins，1993；Vasconcelos and McKenzie，1997；文华国等，2021）

(A)塞卜哈模式；(B)渗透回流模式；(C)混合水模式；(D)海水热对流模式；(E)埋藏模式；(F)微生物模式

共生体系中的白云岩成因类型主要与塞卜哈、渗流回流以及微生物白云石化作用有关。一方面，蒸发会增加海水盐度，促使嗜盐微生物大量繁衍并诱导白云石沉淀，同时沉淀蒸发岩，导致潮上带粒间水的 Mg/Ca 比值增加（Xue，2020），这有利于文石或方解石发生白云石化。白云石化作用降低了沉积物中孔隙流体的 Mg/Ca 比值，增加了 Ca^{2+} 浓度，进而促进了蒸发岩的形成（Xue，2020）。因此只要有周期性的海水输入，塞卜哈受限盐水环境中就会持续发生白云石化作用并形成白云岩（Xue，2020）。另一方面，Mg^{2+} 的浓度随着盐度的增加而增大，在重力或浓度梯度的驱动下高 Mg/Ca 比值流体发生渗透回流，使下伏的碳酸盐岩前驱物发生白云石化。

1.4.3　共生体系耦合机制概述

根据古地理背景，白云岩和蒸发岩的形成环境主要有两种类型：①碳酸盐台地边缘的大型半局限盆地；②面向公海的碳酸盐岩边缘或屏障后面的蒸发盆地和潟湖（Tucker，1991）。

受到全球海平面波动或者区域构造抬升的影响，限制了局部地区与大洋水体间的交换。在海侵阶段，随着海平面上升，通常以沉积灰岩为主，但随着海平面下降至无法与大洋进行水体交换，气候干旱，盐分不断积累，半封闭咸水环境下含盐量增加至盐类矿物析出，从而形成蒸发岩；蒸发岩的沉淀会消耗水体中的钙离子，使卤水中富含镁离子，这种高盐度的卤水会向下运移交代灰岩沉积物，从而形成白云岩，这类可促进白云石化的海水被认为具有高温、高盐度、高 Mg/Ca 比值的特性（Morrow，1990）。高盐度环境也适宜嗜盐类微生物的繁衍，对共生体系中白云岩的形成也具有贡献（Bontognali et al.，2014；Vasconcelos et al.，1995）。但随着气候变得极度干旱，含盐量急剧增加，嗜盐类微生物消亡，大量蒸发岩形成，白云岩减少，逐渐过渡为盐岩（图 1.9）。

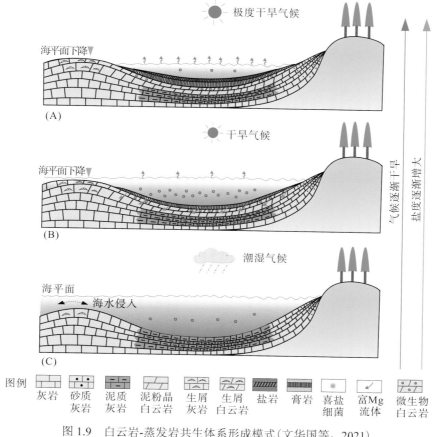

图 1.9　白云岩-蒸发岩共生体系形成模式（文华国等，2021）

因此，共生体系的形成源于较高盐度下白云岩的形成和蒸发岩的沉淀，并受到生物地球化学过程影响和多期成岩作用叠加改造(Caruso et al.，2015)。

1.5 共生体系的主控因素

通过调研认为，共生体系的主控因素可能与海平面变化、古气候转变和古环境变迁密切相关(Andreeva，2015；Zorina，2017)。

1.5.1 海平面控制因素

海平面较低时，水体循环较差，海水得不到及时补充，在蒸发作用下，盐度势必升高，嗜盐类微生物大量繁衍及高 Mg/Ca 比值流体的渗透回流都可形成白云石；随着蒸发的继续进行，盐度持续升高，逐渐开始形成蒸发岩(颜开等，2021)。在海平面波动下，转入海侵阶段时，海水盐度降低至白云石形成时的盐度，将重启白云石化作用。因此，周期性的海水输入，在受限盐水环境中将依次形成白云岩和蒸发岩。但海侵规模较大，水体循环流畅时，则主要发育泥晶灰岩和颗粒灰岩，仅夹少量白云岩。

相似的研究实例，如阿曼南部新元古代末期—早寒武世 Ara 群，被划分为六个白云岩-蒸发岩层序，在低位体系域时主要发育蒸发岩，其上部的海侵体系域及高水位体系域以白云岩为主含少量蒸发岩(Schröder et al.，2003)；塔里木盆地下寒武统—中寒武统白云岩与蒸发岩垂向发育特征也是由于海侵和海退频繁交替导致白云岩与蒸发岩在垂向上交替分布(Chen et al.，2020)；鄂尔多斯盆地下奥陶统马家沟组马五段自下而上岩性依次为藻纹层白云岩、藻砂屑白云岩、含膏纹层白云岩、膏云岩和膏盐岩，也明显受控于海平面变化(辛勇光等，2010)。因此，海平面的循环变化是共生体系形成的关键。

1.5.2 古气候控制因素

前人研究认为白云岩是干旱环境下的产物，蒸发岩代表的是一种极度干旱的环境，而微生物白云岩则代表着相对潮湿-半干旱的过渡环境(胡安平等，2019；黄道军等，2021)。因此，气候的变迁决定了共生体系的岩性组合序列，如美国威利斯顿盆地红河(Red River)组岩性自下而上为微生物白云岩、膏云岩和膏岩(Husinec，2016)，该类岩性垂向变化明显受气候影响，反映沉积期气候由相对潮湿向干旱环境的变迁。而在四川盆地中三叠统雷口坡组和埃及 Maghra El-Bahari 组正好出现与前者相反的现象，即气候由干旱向相对潮湿的转变，岩性由下至上依次为膏岩、膏云岩和微生物白云岩(胡安平等，2019)。但并非所有共生体系的岩性序列都如上述这般完整，气候的突变也会导致某种岩性的缺失，如微生物白云岩被膏云岩所取代，在美国俄克拉何马州布莱恩(Blaine)组(Sweet et al.，2013)、四川盆地嘉陵江组(李建忠，2021)和伊朗 Sachun 组(Arzaghi et al.，2012)等常见此类微生物白云岩缺失的现象，这可能是气候突然极度干旱，盐度突变为超出嗜盐微生物的适宜范围所致，只有在盐度进一步升高到大于 35%时才直接沉淀形成膏盐岩(胡安平等，2019)。因此，古气候是共生体系形成的不可或缺的因素。

1.5.3　沉积环境控制因素

共生体系下白云岩与蒸发岩密切相关，其可由沉积形成，如微生物介导形成原生白云石与沉积析出的盐类矿物互层产出；也可由成岩作用形成，如强蒸发环境形成高 Mg/Ca 比值流体交代方解石形成白云石，在地层中表现为横向上呈连片分布，纵向上白云岩与蒸发岩呈交替状分布(吴海燕等，2020；裴森奇等，2021；刘文栋等，2021；刘志波等，2021)。

共生体系的发育首先需要水体相对局限，因此沉积环境是共生体系发育的基础。共生体系主要发育于潮坪的潮上带、局限潟湖及蒸发盆地三类水体较为局限的沉积环境，前者有利于潮上塞卜哈白云石化作用，后两者有利于渗透回流白云石化作用。潮上塞卜哈位于平均高潮线之上，受海水作用较小，呈半干旱-干旱状态。海洋水体和大陆水的蒸发作用可使塞卜哈环境下孔隙流体达到蒸发岩矿物饱和度，从而发生沉淀。这种沉淀会引起孔隙流体的 Mg/Ca 比值急剧增高，有利于白云石的形成(Hardie，1987)。因此，塞卜哈环境下常形成共生体系，近年的国内外研究中也证实了这一点，如美国威林斯顿盆地奥陶系 Red River 组、伊朗扎格罗斯盆地 Dalan 组和中国松辽盆地馒头组等(Amel，2015；Husinec，2016；吴赟，2019)。

相比之下，局限潟湖和蒸发台地的水体相对较深，盐度较高且稳定。由于海平面下降，并受古隆起或礁滩体的隔挡，局限潟湖和蒸发台地与外海间的水体交换受限，沉积物沉淀受盐度梯度控制，高盐度水体流入洼地形成厚层蒸发岩矿物，从而促使富镁离子的卤水向下回流渗透发生白云石化作用，如澳大利亚卡那封盆地 Coburn 组(El-Tabakh et al.，2004)、四川盆地寒武系、三叠系嘉陵江组(杨威等，2020)，以及塔里木盆地寒武系(刘丽红等，2021)等蒸发岩在沉积中心呈环状分布，外围可见白云岩，未见暴露痕迹，已有研究认为其主要沉积于局限台地潟湖或蒸发台地(吴兴宁等，2020；魏柳斌等，2021；张永利等，2021)。因此，沉积环境是共生体系形成的基础。

1.6　共生体系与储层形成关系

白云岩-蒸发岩共生体系在世界范围内自震旦系到古近系均有广泛分布，其蕴藏着丰富的油气资源(Jiang et al.，2018)。尽管蒸发岩占世界沉积岩的比例不到 2%，但世界上有一半大油田的盖层由蒸发岩组成(Chen et al.，2020)。因此，共生体系中蒸发岩封闭性良好，控油气能力强，具有成为良好盖层的潜力。白云岩-蒸发岩共生体系中以蒸发岩作为盖层的典型盆地主要有沙特盖瓦尔油气田(Alqattan et al.，2017)、卡塔尔-伊朗的北方-南帕斯油气田(胡安平等，2019)、塔里木盆地(Zhang et al.，2017)、鄂尔多斯盆地(Yang et al.，2014）、四川盆地（Liu et al.，2018）等。在共生体系中蒸发岩除能作为良好的盖层外，其对储层形成等方面也有着至关重要的影响，主要体现在以下几个方面。

1. 白云石化作用

共生体系发育的蒸发环境有利于白云石化作用进行，使得方解石被白云石替代，导致其体积缩小约 14.8%，从而提升原生孔隙度（Huo et al.，2020）。此外，白云岩具有良好的抗压实性和脆性，往往能形成较好的储层。

2. BSR 作用

共生体系中微生物对储层也有一定影响，蒸发岩与下伏泥岩或灰岩接触位置，有利于微生物硫酸盐还原（bacterial sulfate reduction，BSR）作用生成白云岩，同时硬石膏中的 S^{6+} 还原为 S^{2-} 生成 H_2S（Pierre et al.，2014），H_2S 气体溶于水形成的酸性流体会对储层产生溶蚀作用，形成溶蚀孔洞。另外，微生物形成的"格架孔"本身也是良好的储集空间。

3. 孔隙的形成与保存作用

蒸发岩具有密度稳定、高热导率的特性（Beardsmore and Cull，2001），因而使得其下部的白云岩层中的热量较低，减缓了成岩作用的进程，并且蒸发岩层对压实作用有一定的抑制作用（刘文汇等，2016），因此共生体系中蒸发岩的存在有利于下部白云岩孔隙的保存。

4. 共生体系中蒸发岩溶解作用

共生体系中蒸发岩常呈结核状或薄层状与白云岩共生，其本身属于易溶组分，极易受到大气淡水或地下水的淋滤而发生溶蚀，常形成膏模孔、膏溶角砾砾间孔（Huo et al.，2020）。另外，在埋藏期即使没有流体的介入，石膏向硬石膏转化的过程也会释放结晶水，其与有机酸结合形成酸性流体，增强水/岩反应，促进了次生溶孔的发育（王东旭等，2005）。

5. TSR 作用

共生体系中蒸发岩的存在还会促进硫酸盐热化学还原（TSR）作用（朱光有等，2006），海相碳酸盐岩优质储层的形成与硫酸盐的还原作用密不可分，而蒸发岩则为硫酸盐还原反应的顺利进行提供了物质基础。例如，我国塔里木盆地寒武系（Zhang et al.，2017）、鄂尔多斯盆地马家沟组（Yang et al.，2014）、四川盆地雷口坡组（王文楷等，2017）等常在深埋藏条件下，上覆地层高成熟的烃类向下运移至共生体系中常与膏盐岩组分发生硫酸盐还原作用而产生 H_2S，进而形成具有腐蚀性的氢硫酸，会对早期形成的孔隙进一步溶蚀扩大，对于储层物性的提升有着关键性的作用。此外，伴随着硫酸盐还原作用的进行，膏盐发生溶解，也会形成一系列孔隙，进一步改善了储层物性。

1.7　共生体系主要研究方法

关于白云岩-蒸发岩共生体系的研究还处于起步阶段，尚未形成完整的研究方法体系。本书在大量文献调研的基础上，提出了目前针对共生体系的研究方法以及研究方法的发展方向，主要包括实验模拟研究、沉积结构特征研究、微体古生物研究和地球化学研究等方法，具体如下。

1.7.1　实验模拟研究

通过海水蒸发实验可重建古海水和卤水成分(Fontes and Matray，1993；Holland，1972；Holland et al.，1986)，这一研究方法需要结合理论计算、实验模拟和现场勘察(Harvie et al.，1984；Millero，2009)。目前盛行的实验模拟研究包括在海水蒸发实验模拟中评估古今海水成分的差异(Shalev et al.，2018)和在海水蒸发实验中评估同位素地球化学分馏程度(Passey and Ji，2019)等。

1.7.2　沉积结构特征研究

关于共生体系沉积结构的研究，常规运用蒸发岩与白云岩的宏观结构进行沉积微相的划分(Warren，2016)。由于古代蒸发岩极易溶解，古代蒸发岩大多以溶蚀角砾出露，使得前人研究多基于岩心、测井、地震等地下资料进行分析(Sarg，2001；Warren，2016)。目前相关研究主要通过寻找发育完好的野外剖面露头，以更直观地研究共生体系沉积特征(Sorento et al.，2020)。此外，在对共生体系的研究中应关注更微观的沉积结构变化，如开展显微藻纹层结构、球粒结构、凝块结构等的划分和总结(Adachi et al.，2019)，以及对似球粒状结构的纳米级显微观察分析(Bischoff et al.，2020)等。

1.7.3　微体古生物研究

共生体系中沉积的蒸发岩矿物结晶速度较快，可快速埋藏细胞并完整保存化石(Schopf et al.，2012)；共生体系中的泥粉晶白云石也能够完好地保存微体化石(Dela Pierre et al.，2015)，因此非常有利于微体化石的识别。通过微体古生物的识别，可更加准确地恢复共生体系形成环境，如藻类或蓝细菌可判断沉积水体较浅且位于透光带内(Rouchy and Monty，2000)；通过统计赋存的蓝细菌、广盐硅藻、狭盐硅藻、絮状"海雪"等有机体残留物数量，可判断沉积期水柱生产力(Dela Pierre et al.，2015)；借助硅藻对环境变化的敏感反应，可解释沉积期海底的物理化学条件以及硅藻对海洋生态系统和硅循环的潜在影响(Natalicchio et al.，2021)。

1.7.4 地球化学研究

通过同位素等在地质历史中所发生的变化进行共生体系中的白云岩研究，如通过 Sr 同位素分析技术分析白云石化流体运移路径，探讨白云石化流体与海水间的关系（黄思静等，2011）；运用常量、微量元素和稳定同位素等地球化学分析手段判断白云岩沉积和成岩环境（郑荣才等，2017）；通过白云石化成岩环境的分析来判断优质储层发育条件（马永生等，2011，2019）；恢复白云岩形成时古温度区间，推断白云岩成岩环境（马永生等，2011）等。这些手段虽然在白云岩形成机制方面取得了卓越的进展，但是需要综合多种地球化学分析结果，且由于地化分析的多解性因素，在判断白云石化过程及 Mg^{2+} 的来源时不能提供唯一的约束。近年来随着技术革新，研究手段已经不仅仅局限于野外考察和室内常规的地球化学测试分析，更加先进的方法和技术也应用到白云岩研究中，如激光剥蚀电感耦合等离子体质谱法（LA-ICP-MS）、纳米离子探针、原位同位素、场发射电子探针等，加之利用计算机进行数值模拟，建立新的白云石化过程模型，Ca 同位素、S 同位素、团簇同位素、Mg 同位素都可以为共生体系下的研究提供强大的推动力。共生体系中蒸发岩是恢复古气候记录的较好替代指标，亦可通过上述手段对共生体系中蒸发岩进行研究，恢复共生体系形成时的古气候变化，这对于地质历史演化具有极重要的科学意义。

1.8 白云岩-蒸发岩共生体系研究意义、存在的问题与前景

1.8.1 研究意义

（1）从前寒武纪至全新世，白云岩常与蒸发岩密切共生，且遍及全球，然而其共生发育特征、形成过程、主控因素和发育机制目前尚不清楚。若能厘清二者间的共生关系、形成过程及影响因素，或许可以深化关于"白云岩问题"的认识。

（2）共生体系既赋存了沉积时的古环境、古气候以及古海水化学等信息，也记录了成岩期流体演化过程，这可以促进对地球地质历史演化的理解。因此，系统开展共生体系沉积、成岩的研究，能提供更多有关地球地质历史演化方面的认识。

（3）在全球地质历史演化中，共生体系普遍存在于所有类型的含油气盆地中，油气勘探工作者对共生体系重视程度逐渐提高，厘清共生体系的奥秘，则对油气勘探具有重要指导意义。

（4）共生体系的发育是蒸发岩与白云岩从沉积到成岩系统过程高度关联的结果，是良好的古环境恢复替代指标及成岩指示工具。

（5）共生体系在地质历史时期广泛发育，将其与碳酸盐岩研究相结合，将进一步丰富和完善沉积学理论。

1.8.2　存在的问题与前景

尽管前期积累了一定的研究成果,但共生体系在形成过程中受复杂的沉积-成岩作用过程影响,其时空分布、沉积特征、矿物组合、地球化学特征、微生物作用、流体来源、流体运移路径、流体驱动力、古气候记录等系列科学问题有待深入研究。

随着科技进步带来的实验手段革新,建议在白云岩-蒸发岩共生体系研究中加强如下六个方面的研究。

(1)共生体系形成环境与成因的指标(如 Mg 同位素数值模拟、微生物痕迹等)建立,并利用高分辨率沉积学和微观地层学揭示共生体系沉积动力学机制和控制因素。

(2)共生体系中矿物组合、形态特征及相对含量与古气候、古环境的耦合性。

(3)微生物与非生物因素对共生体系中白云石形成的影响以及识别标志。

(4)共生体系的矿物学与地球化学特征在沉积-成岩作用过程中的变化及其影响机制。

(5)共生体系的古气候研究。

(6)随盐度增加,高 Mg/Ca 比值流体会导致前驱物发生白云石化作用,形成白云岩,随盐度继续升高,白云岩减少,开始沉积蒸发岩,但蒸发岩沉淀带走了大量的 Ca^{2+},Mg^{2+}相对增多,理论上可以继续发生白云石化作用(钟治奇,2017;董杰,2018;刘丽红等,2021;李峰峰等,2021;夏青松等,2021),但转变过程中的白云石化机制及物质循环有待深入研究。

综合上述对全球各大盆地共生体系发育情况的调研可知,白云岩与蒸发岩的共生现象普遍存在,在各大盆地中均有发育,并有着极大的油气资源勘探开发潜力,面对广泛分布的共生体系以及盐下优质白云岩储层,亟须探究共生体系下优质白云岩储层成因模式以及共生体系耦合机制,从而有效提高储层勘探与预测的准确性。

目前,针对该共生体系的耦合机制及体系内白云岩成因、优质储层勘探开发等方面的研究相对较薄弱,随着我国深层优质盐下白云岩油气资源的勘探开发,对共生体系的相关研究显得尤为重要。通过梳理全球范围内各时期发育的白云岩-蒸发岩共生体系特征,前文总结了共生体系下蒸发岩和白云岩的组合类型,并阐明了不同组合类型的特征及成因,探讨白云岩-蒸发岩共生体系耦合关系及形成机制,总结白云岩-蒸发岩共生体系的研究意义。在此基础上,后文将以川东北地区飞仙关组发育的典型白云岩-蒸发岩共生体系为切入点,结合岩石学、沉积学、地球化学等研究手段,从共生体系时空分布特征、沉积-成岩环境、白云岩成岩流体性质及来源等角度开展研究,明确共生体系中的白云岩成因,揭示白云岩-蒸发岩共生体系的耦合机制,并阐述共生体系下优质白云岩储层特征、主控因素和分布规律,以及源-储-盐特征与关系,深入探讨共生体系对川东北飞仙关组优质鲕滩储层的形成与勘探意义。

第 2 章　川东北区域地质背景

2.1　区域地理位置

四川盆地是我国陆地上最重要的沉积盆地之一，位于亚洲大陆中南部，是重要的能源勘探开发基地，总面积约为 26 万 km²。研究区位于四川盆地东北部，处于川东北高陡褶皱带，地理位置处于四川省达州市、巴中市、南充市和重庆市开州区、万州区、云阳县境内，范围如图 2.1 所示。研究区地表条件较复杂，地形高差变化大，地面海拔为 250～1500m，区内深沟河谷遍布。

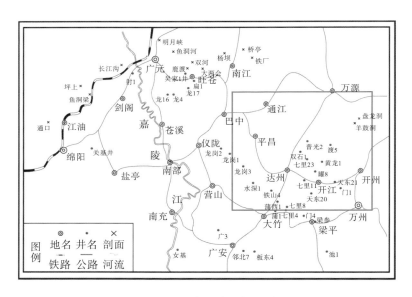

图 2.1　研究区地理位置图

2.2　区域构造背景

2.2.1　川东北地区构造特征

四川盆地在大地构造上是上扬子克拉通的一级构造单元，位于扬子克拉通西北侧，整体轮廓形态为菱形，四周被龙门山、大巴山、米仓山等山脉环绕(赵渝，2010；卢炳雄等，2015)。依据区域地质构造特征，将盆地内部划分为 6 个二级构造单元，依次为川东高陡构造带、川东南高陡构造带、川西南平缓构造带、川西拗陷带、川北拗陷带、川中隆起带(党洪艳，2010；淡永，2011；郭彤楼等，2022)。本书研究的川东北地区包括了四川盆地东北部米仓山、大巴山逆冲推覆构造和川东高陡构造带，有着极复杂的地表和地下构造。

　　研究区位于川东高陡断褶带北部(图 2.2)，属开江—梁平海槽东侧。扬子板块北缘自泥盆纪开始裂解，到二叠纪达到裂谷高峰，在此裂陷背景下，开江—梁平海槽于二叠纪末期在盆地北部拉张产生(罗志立等，1988；张国伟等，2003)。三叠纪早期勉略海关闭，开江—梁平海槽结束了深海相沉积历史(何登发等，2016，2020)。开江—梁平海槽大致呈向北西开口的三角形状，开口朝向川北的米仓山，区内主体的格挡式背斜褶皱，主要呈 NE-SW 向展布(曾伟等，1997；管树巍等，2022)。

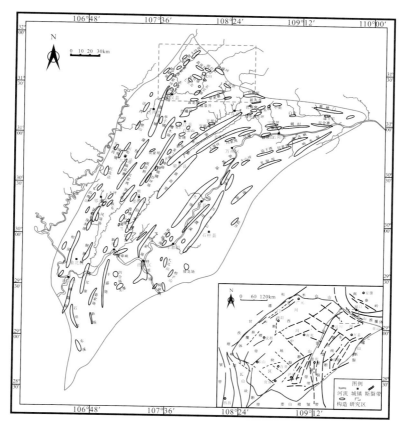

图 2.2　研究区区域构造位置(据童崇光，1992)

2.2.2　川东北地区构造演化特征

　　四川盆地是扬子中上克拉通的重要组成部分，其基底形成于晋宁 II 期(850~820Ma)运动(张国伟等，2013)，自古生代以来经历了多次重要的构造事件(张岳桥等，2011)，受周缘造山带差异隆升影响，米仓山、大巴山、龙门山和雪峰山造山带交替向盆地内逆冲推覆，产生不同方向的构造应力，并相互叠加改造，构造形迹复杂，纵向上不同构造阶段发育的盆地叠置(图 2.3)，以致现今的四川盆地为一典型的多旋回叠合盆地(何登发等，2004；朱光有等，2006；戴金星等，2021；郭彤楼等，2022)。

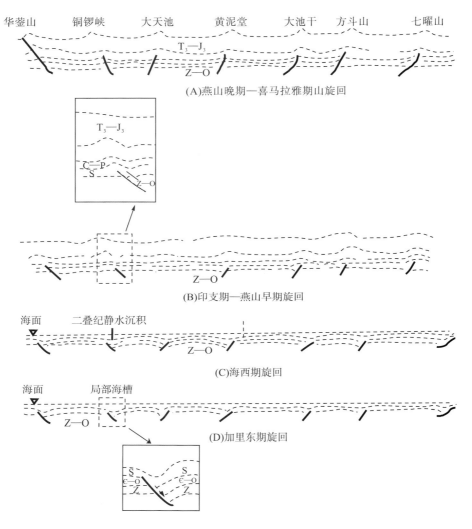

图 2.3　川东北地区构造-沉积演化简图(林雄，2011)

四川盆地东北部自元古宙以来先后受加里东运动(约 320Ma)、海西运动(320～252Ma)、印支运动(205～195Ma)、燕山运动(约 140Ma)和喜马拉雅运动(80～3Ma)等大型构造旋回活动叠加改造(Ma et al.，2007)。以燕山运动发生时期为分界点，川东北地区发生了两次构造性质差异明显的大型构造运动。研究区内 Z_2—T 地层经历了印支、海西和加里东三大构造旋回[图 2.3(B)～图 2.3(D)]。在印支早期运动之前，盆地以伸展环境下发育的沉降和隆升为主，主要为海相碳酸盐岩和页岩沉积(郑博，2011；马新华等，

2019)。燕山运动之后盆地内构造运动的类型和方向发生转变，燕山运动构造运动特征以升降运动为主，喜马拉雅构造运动形式转变为横向挤压（水平运动）为主［图 2.3(A)］，川东北地区受到了来自大巴山构造带、米仓山构造带和武陵—雪峰构造带的南西向的挤压，使区域地层形成大量的褶皱及断裂，导致区域地层接触关系变为角度不整合，最终变为狭长高陡的背斜及宽缓向斜相互交替的构造格局（胡忠贵等，2009；张兵等，2010）。

早二叠世晚期，在东吴运动作用下，上扬子地区露出水面，接受剥蚀。四川盆地东北部的构造伸展与四川盆地西南部的大规模玄武岩喷发同时发生（He et al.，2003；Shellnutt，2014）。在晚二叠世末期，西北—东南走向的开江—梁平海槽在四川盆地东北部发育。多期次复杂的造山运动导致川东北地区的沉积相及成岩作用展现出多样化特征，各个构造运动时期所形成的沉积物，在经历了成岩作用后形成不同类型的储集岩，纵向上次生的储盖组合也表现出不同的特征。早三叠世继承了晚二叠世的构造格局，在开江—梁平海槽东侧形成了有利于共生体系发育的滩洼相间的沉积环境，川东北地区岩性也因此呈现出多样性，形成了飞仙关组蒸发岩下的鲕滩相白云岩储层。

2.3　区域地层特征与层序划分

准确的层序地层识别与划分不仅有利于厘清研究区内地层充填过程与古地理格局，也有助于探索白云岩-蒸发岩共生体系发育分布情况和沉积充填规律的关系。目前所划分的层序界面基本上与区域海平面升降相对应，具有等时的意义，可为共生体系沉积演化的研究提供较可靠的时间标准。

2.3.1　飞仙关组地层特征

川东北地区自下而上地层发育较多，且层序保存相对较好，主要有震旦系、石炭系、二叠系、三叠系以及侏罗系等，分布面积较广（王兰生等，2009；刘树根等，2013；赵文智等，2017）。受多期次的构造作用影响，加里东旋回运动导致川东北地区上志留统、泥盆系、下石炭统以及上石炭统黄龙组地层缺失；中侏罗世印支运动使得川东北地区抬升遭受剥蚀，残余厚度有所差异；受燕山以及喜马拉雅运动的影响，川东北地区白垩系—第四系基本不发育(图 2.4)。

研究区三叠系地层自下而上可划分为飞仙关组(T_1f)、嘉陵江组(T_1j)、雷口坡组(T_2l)和须家河组(T_3x)。前人通过放射性同位素定年（常晓琳等，2010）、牙形石数据（常晓琳等，2010）、磁极带（李华梅和王俊达，1988）和层序地层学（郑荣才等，2009）研究确定了飞仙关组沉积对应印度阶（Griesbachian 和 Dienerian 亚阶）；持续时间分别为(1.4±0.1)Ma、(0.6±0.1)Ma，介于 252.17～251.2Ma（Li et al.，2016）。

研究区飞仙关组以碳酸盐岩地层和蒸发岩地层组合为主，属于碳酸盐台地沉积体系，白云石化作用主要发生在台地边缘，总厚度为 350～650m。研究区在奥列尼奥克期沉积嘉陵江组地层，通常为浅灰色-灰色泥晶灰岩，与飞仙关组顶部紫红色泥质灰岩、膏质碳酸盐岩呈整合接触，岩性界面明显；底部以泥岩、灰质泥岩与长兴组顶部泥晶灰岩、白云质灰岩、白云岩整合接触(图 2.5)。依据岩性组合特征，可将飞仙关组细分为 4 个岩性段：T_1f^1、T_1f^2、T_1f^3 和 T_1f^4。台地内各段沉积特征如下：飞一段下部以泥灰岩夹泥岩为主，中部主要发育泥晶灰岩，向上演变为鲕粒白云岩、泥质白云岩，夹有膏岩层；飞二段为共生体系主要沉积时期，为膏岩、膏质白云岩、鲕粒白云岩沉积；飞三段以厚层灰岩夹泥岩为主，偶有膏岩发育；飞四段以泥灰岩夹钙质泥岩，膏岩较发育。

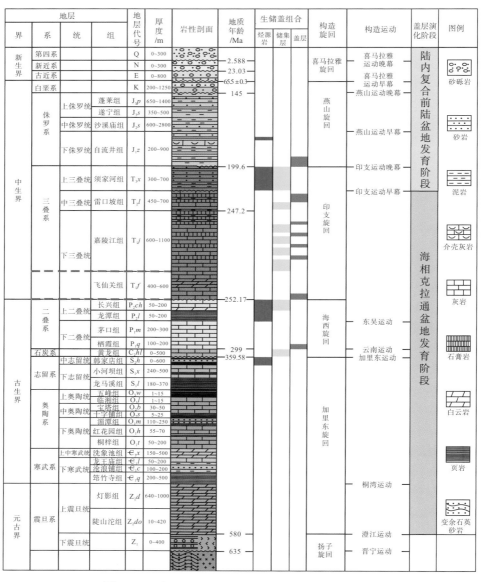

图 2.4　川东北地区地层简图(据黄涵宇，2018 修改)

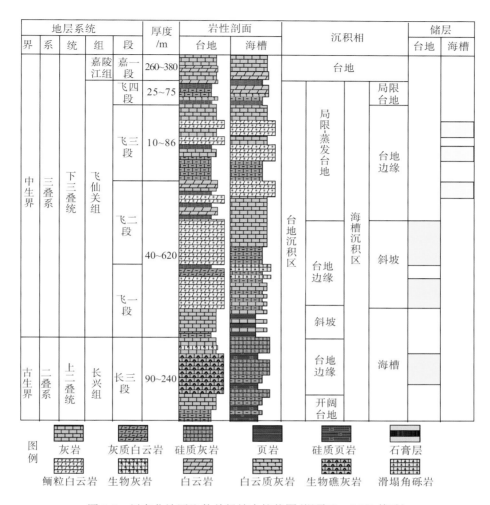

地层系统					厚度 /m	岩性剖面		沉积相			储层	
界	系	统	组	段		台地	海槽				台地	海槽
中生界	三叠系	下三叠统	嘉陵江组	嘉一段	260~380			台地				
			飞仙关组	飞四段	25~75			局限·蒸发台地	局限台地			
				飞三段	10~86				台地边缘			
				飞二段	40~620			台地沉积区	海槽沉积区	斜坡		
				飞一段						斜坡		
									台地边缘			
古生界	二叠系	上二叠统	长兴组	长三段	90~240				台地边缘	海槽		
									开阔台地			

图例

灰岩　　灰质白云岩　硅质灰岩　　页岩　　硅质页岩　　石膏层

鲕粒白云岩　生物灰岩　白云岩　白云质灰岩　生物礁灰岩　滑塌角砾岩

图 2.5　川东北地区飞仙关组综合柱状图(据霍飞，2019 修改)

2.3.2　飞仙关组层序地层划分与对比

早三叠世飞仙关组沉积期川东北地区存在两次规模较大的海平面升降旋回，本书研究参考马永生等(2005)、郑荣才等(2009)等的划分方案，结合钻井沉积相与层序地层学综合分析及地震关键界面识别，将其划分为 2 个三级沉积层序(SQ1-Ⅰ层序、SQ2-Ⅱ层序)和 5 个四级层序(ssq1~ssq5)，飞一段至飞二段对应 SQ1 层序，由 ssq1、ssq2、ssq3组成，飞三段至飞四段对应 SQ2 层序，由 ssq4、ssq5 组成(表 2-1)。

以渡 1 井为例(图 2.6)，ssq1 为飞仙关组底界，是海西运动末期的构造响应，地震上表现为中-强波峰反射特征，底部为泥灰岩、泥岩，向上泥质含量降低，上部发育鲕粒灰岩，厚度较薄，顶部一般以泥晶灰岩、泥晶云岩结束，部分井在层序顶部见藻灰岩及石膏，总体上反映了自下而上沉积水体由深变浅。

表 2-1   飞仙关组层序地层划分方案

地层系统		三级层序划分		四级层序划分	
组	段	层序编号	层序类型	层序编号	层序类型
飞仙关组	飞四段+飞三段上	SQ2	II	ssq5	II
	飞三段下			ssq4	II
	飞二段	SQ1	I	ssq3	II
	飞一段			ssq2	II
				ssq1	I

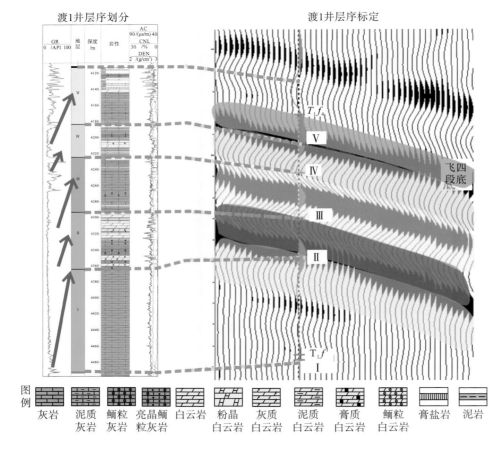

图 2.6   川东北地区渡 1 井飞仙关组单井-地震地质层序划分方案

ssq2 为飞二段底界面,岩性组合主要为鲕粒白云岩夹薄层的泥晶白云岩。顶部为一套薄层泥晶灰岩、泥晶含白云质灰岩组合,部分井见泥晶白云岩、石膏,反映沉积水体动荡。

ssq3 为飞二段内部地震反射界面,主要表现为中-弱峰反射特征。白云石化作用强烈,顶部为一套薄层泥晶灰岩、泥粉晶白云岩及石膏组合。

　　ssq4 为飞仙关组飞三段底界地震反射界面，为波峰反射，为一套薄层泥晶灰岩、泥粉晶白云岩组合。

　　ssq5 在地震剖面上为稳定的波峰反射，代表飞四段膏岩、泥质白云岩与下伏泥岩或泥质灰岩之间的反射界面，横向分布稳定。到了晚期，随着飞仙关期的最后一次海平面下降，整个川东地区沉积环境已完全均一化，为一套广阔的潮坪沉积，发育泥岩、泥晶白云岩、膏质白云岩及石膏等。

　　综上所述，纵观飞仙关组 5 个四级层序，ssq2、ssq3、ssq5 为共生体系主要的发育时期，ssq1、ssq4 水体较深、盐度较低，该时期气候和环境不利于共生体系发育，仅在部分井有共生现象。

第3章 川东北飞仙关组白云岩-蒸发岩
共生体系沉积特征

3.1 沉 积 背 景

3.1.1 早三叠世沉积背景

早三叠世，世界范围内多数地方都以巨厚的碎屑岩沉积为主(Korte et al.，2003)，缺乏厚层海相碳酸盐沉积，在全球范围内早三叠世海相白云岩研究仅分布在一些局部的地区(黄可可等，2013)，如欧洲和西亚，包括意大利、匈牙利、斯洛伐克、德国和伊朗(Korte and Kozur，2005；Horacek et al.，2007)以及其他一些有限地区。与全球其他地方不同的是，中国南方早三叠世海相碳酸盐岩十分发育，保存条件也得天独厚，使得很多与早三叠世白云岩有关的成果都来自中国(Meyer et al.，2011；Joachimski et al.，2012；Lehrmann et al.，2015；Li et al.，2016)。已公布的下三叠统飞仙关组白云岩油气储层主要位于中国西南部四川盆地东部的开江—梁平海槽周围，因此该研究区成为全球早三叠世白云岩储层研究最为热点的地区。

随着冈瓦纳古大陆向欧亚大陆聚合，四川盆地周缘山系不断隆升，盆地由开阔陆架向局限盆地转变(何治亮等，2022)。川东北飞仙关组沉积格架继承晚二叠世的沉积格架，沉积古地貌整体具有"北高南低、东高西低"的特征。受控于当时的极热气候环境(Sun et al.，2012)以及巨型季风(Megamonsoon)气候(Kutzbach and Gallimore，1989；Parrish，1993)，盆地内的海水持续蒸发浓缩，在早三叠纪研究区为四川盆地东北部的咸化中心(陈安清等，2015)，发育了一套主要由白云岩和膏盐岩组成的海相碳酸盐岩和蒸发岩地层(Zheng et al.，2010；陈安清等，2015)；并且，在海平面波动和干旱气候的共同作用下，飞仙关组中存在多个含石膏层。飞仙关组上部紫色页岩及部分硬石膏层夹薄层泥晶灰岩构成了下伏 T_1f 碳酸盐岩储层的良好区域封闭性。

3.1.2 川东北地区早三叠纪沉积背景

飞仙关组沉积时，研究区西南侧为开江—梁平海槽，东北侧为城口—鄂西海槽。下面结合层序地层学详述川东北地区下三叠统飞仙关组共生体系重点发育时期的沉积背景特征(图3.1~图3.6)。

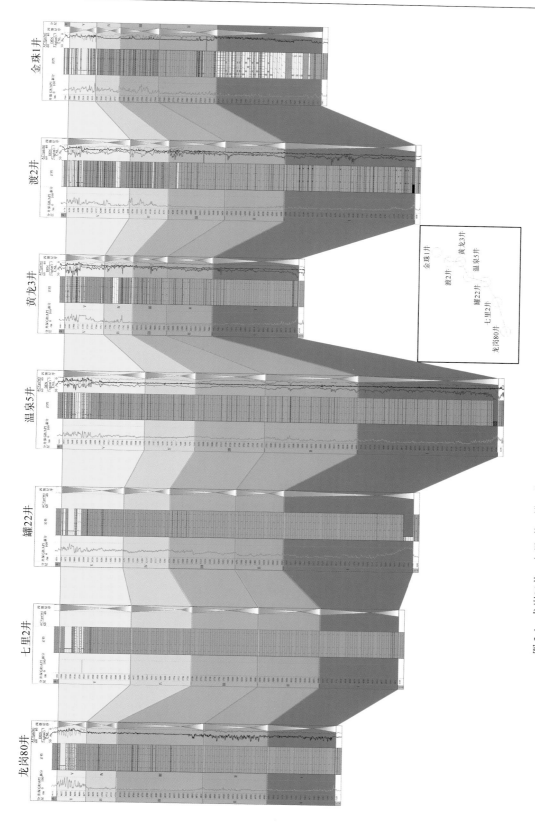

图 3.1　龙岗80井—七里2井—罐22井—温泉5井—黄龙3井—渡2井—金珠1井飞仙关组层序地层格架图

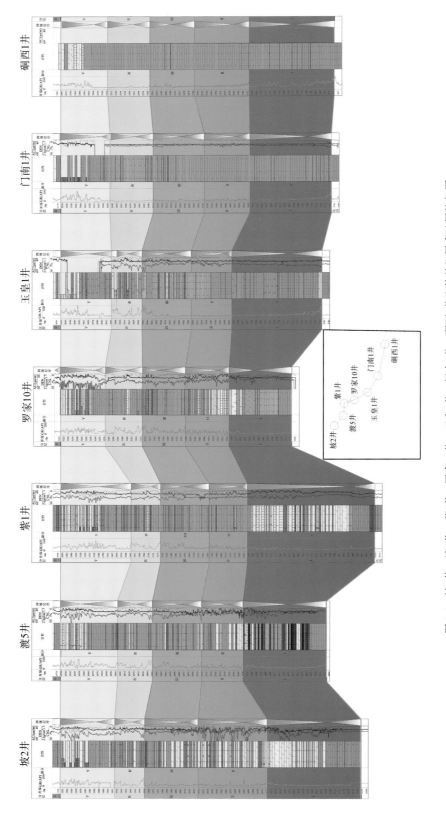

图 3.2　坡2井—渡5井—紫1井—罗家10井—玉皇1井—门南1井—碉西1井飞仙关组层序地层格架图

　　川东北飞仙关组 SQ1 层序为一缓慢海进-缓慢海退的沉积旋回，由飞仙关组 ssq1 底界至 ssq2 底界，通过层序地层格架分析可发现，地层厚度自东向西、由北至南逐渐增厚，代表 ssq1 期沉积前古地貌具有东高西低、北高南低的趋势；ssq1 层序地层厚度受古地貌和填平补齐影响，以赵家 1 井—玉皇 1 井—渡 4 井一带为界，北部地层较薄，反映当时水体相对较浅(图 3.3)，在金珠坪一带共生体系较为发育。

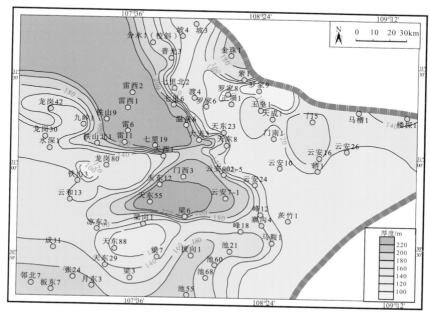

图 3.3　研究区飞仙关组 ssq1 层序地层厚度图

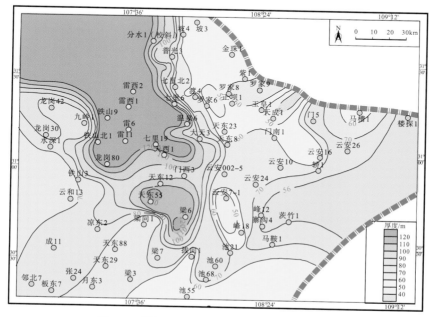

图 3.4　研究区飞仙关组 ssq2 层序地层厚度图

同样，ssq2 底界至 ssq3 底界地层厚度自东向西逐渐增厚，水体逐渐变深，呈现出东高西低的古地貌趋势，在金珠坪一带水体逐渐变浅，抬升演变为古地貌高点，向四周逐渐变低（图 3.4），该时期古地貌特征为共生体系的发育提供了良好场所。

演化至 ssq3 时期，古地貌高带由金珠坪地区向南转移，主要分布在坡 4 井—渡 4 井—罗家 6 井及其以东，玉皇 1 井—正坝 1 井以南地区。向北西至温泉 6 井—七里 6 井一带古地貌逐渐降低，进入相对深水沉积环境（图 3.5）。

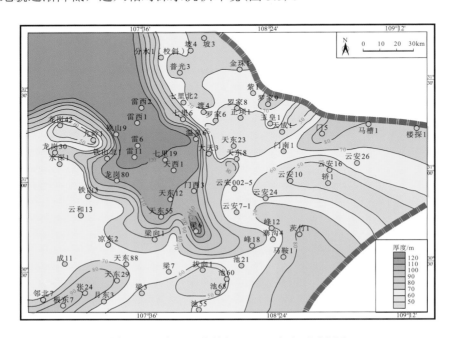

图 3.5　研究区飞仙关组 ssq3 层序地层厚度图

SQ2 属于缓慢海进-快速海退沉积旋回，层序厚度变化较大，地层厚度分布范围为 109～400m。

ssq4～ssq5 时期，随着海槽填平补齐，地层相对较薄（图 3.6），川东北整体为潮坪沉积，是川东北飞仙关组共生体系发育最广泛也是最终的一次。

3.2　飞仙关组共生体系岩石类型与特征

白云岩岩石学特征及矿物学特征是研究共生体系下白云石化的基础，白云岩的形成与灰岩、膏盐岩的岩石学特征、矿物学特征及沉积特征均有着紧密联系。白云岩的沉积特征与白云石化流体的来源、运移通道有一定的关系，当时的白云石化流体现已无处追寻，但一定程度上可从矿物特征上得到反映。镜下岩矿特征分析还可为后续地球化学数据解释奠定基础，为共生体系下白云岩成因机制研究提供岩石学和矿物学证据。

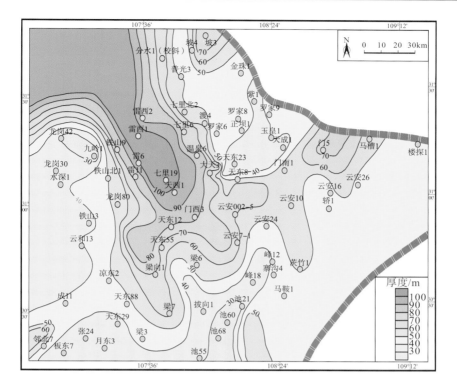

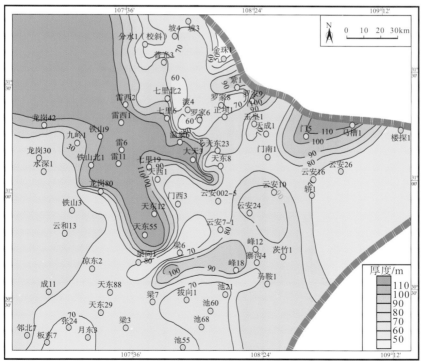

图 3.6　研究区飞仙关组 ssq4(上图)、ssq5(下图)层序地层厚度图

3.2.1　共生体系岩石类型命名及分类

碳酸盐岩的分类命名是白云岩成因机制研究的基础(朱筱敏，2008)。碳酸盐岩的结构-成因分类研究始于 20 世纪初，随后在国内外掀起了对碳酸盐岩的结构分类的热潮，经过半个多世纪的发展，在 20 世纪 60 年代至 80 年代取得重大进展，诸多学者提出了各自的分类标准(Folk，1959；Dunham，1962；刘宝珺，1980；冯增昭，1982；曾允孚和夏文杰，1986；何镜宇和孟祥化，1987)，目前常用的碳酸盐岩分类方案，如 Dunham(1962)的碳酸盐岩结构分类、Folk(1959)的石灰岩分类图、冯增昭(1982)按含量划分的三级结构-成因分类方案、曾允孚和夏文杰(1986)提出的结构-成因分类方案以及朱筱敏(2008)在前人的基础上提出的划分方案等，均是基于岩石结构或成分上的差异而建立的。

综合飞仙关组岩心及薄片、扫描电镜及阴极发光特征，本书采用曾允孚和夏文杰(1986)提出的石灰岩结构-成因分类命名方案对研究区岩石类型进行命名，晶粒大小依据我国石油天然气行业标准《岩石薄片鉴定》(SY/T 5368—2016)对碳酸盐岩的晶粒粒径大小分级的方案(表 3-1、表 3-2)。

表 3-1　石灰岩结构-成因分类(据曾允孚和夏文杰，1986)

颗粒百分含量	主要填隙物	颗粒石灰岩类					
		内碎屑	生物(屑)	鲕(豆)类	团粒	团块	三种以上颗粒混合
≥50%	亮晶	亮晶内碎屑颗粒灰岩	亮晶生物(屑)灰岩	亮晶鲕(豆)类灰岩	亮晶团粒灰岩	亮晶团块灰岩	亮晶颗粒灰岩
	灰泥	泥晶内碎屑颗粒灰岩	泥晶生物(屑)灰岩	泥晶鲕(豆)类灰岩	泥晶团粒灰岩	泥晶团块灰岩	泥晶颗粒灰岩
25%～<50%	灰泥	内碎屑泥晶灰岩	生物(屑)泥晶灰岩	鲕(豆)类泥晶灰岩	团粒泥晶灰岩	团块泥晶灰岩	颗粒泥晶灰岩
10%～<25%	灰泥	含内碎屑泥晶灰岩	含生物(屑)泥晶灰岩	含鲕(豆)类泥晶灰岩	含团粒泥晶灰岩	含团块泥晶灰岩	含团粒团块灰岩
<10%	灰泥	泥晶灰岩类					

表 3-2　碳酸盐岩晶级划分方案

晶级	粒径/mm	晶级	粒径/mm
巨晶	≥2	细晶	0.1～<0.25
粗晶	0.5～<2	粉晶	0.01～<0.1
中晶	0.25～<0.5	泥晶	<0.01

注：粉晶可分为细粉晶(0.01～<0.05mm)和粗粉晶(0.05～<0.1mm)。

3.2.2　石灰岩类

1. 泥晶灰岩

泥晶灰岩在川东北地区下三叠统飞仙关组共生体系中较为常见，纵向上各小层均发育，平面上由台地边缘向台地内含量降低。岩石以泥质、泥晶方解石为主，常含有少量砂屑、球粒和生屑，泥质纹层较为发育［图 3.7(A)］，与泥晶方解石相互成层，反映沉积时的低能水体环境。含膏石灰岩在区内少见，仅在极少数井中可见以薄夹层产出，硬石膏晶体星点状分布，部分充填于缝洞之中［图 3.7(B)和(C)］。

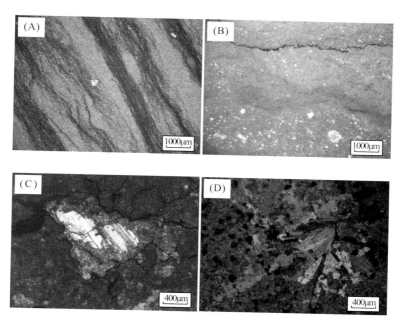

图 3.7 川东北飞仙关组共生体系中石灰岩镜下照片(据李亮，2023)

(A)含泥质泥晶灰岩，黄龙 8 井，3124.56m，泥质具纹层状结构，与泥晶方解石相互成层，单偏光照片；(B)纹层状泥晶灰岩，罗家 6 井，4050m，泥质纹层疏密不均，单偏光照片；(C)砂屑泥晶灰岩，渡 5 井，4714m，硬石膏充填粗大溶孔，正交偏光照片；(D)泥晶鲕粒灰岩，紫 1 井，3451.25m，局部膏质充填，呈放射状，正交偏光照片

2. 颗粒灰岩

颗粒灰岩常呈浅灰色至灰色，颗粒多为生物碎屑、鲕粒、藻粒、球粒(团粒)。鲕粒灰岩主要发育在研究区飞二段—飞三段中，代表较高能的浅滩沉积环境。鲕粒非均匀分布，局部密集，粒径为 0.1～0.7mm，致密，次圆-圆状，局部鲕核被溶蚀成空心鲕，生物少见，常被亮晶方解石或白云石胶结，部分鲕粒可见石膏充填，局部偶见黄铁矿零星分布［图 3.7(D)］。

3.2.3 白云岩类

将川东北地区飞仙关组共生体系下白云岩按晶级划分为三类，即泥晶白云岩、鲕粒白云岩、粉晶白云岩。根据膏质含量多少又可分为含膏白云岩、膏质白云岩。对于具有残余结构的白云岩，也根据白云石的晶级来进行划分。

1. 泥晶白云岩

研究区泥晶白云岩颜色多为较深的灰褐-褐灰色，通常为准同生期高盐度卤水快速交代的产物，形成时间比较早，高浓度卤水中竞争离子多，浓度高，白云石成核、结晶速度快，形成的白云石有序度较低(韩征和辛文杰，1995；李志明等，2010)，晶体普遍细小、粒径多小于 10μm，具泥晶结构，晶体自形程度普遍较差，且排列紧密，由粒径细小的它形-半自形的白云石组成，极少部分具有较好的菱形形态以及雾心亮边[图 3.8(A)和(B)]，多数晶体表面较脏[图 3.8(B)]。

晶体之间致密缝合镶嵌接触导致岩石较为致密，共生体系中的泥晶白云岩多见白云石与硬石膏相伴生，具有一定的定向性[图 3.8(C)]，表明泥晶白云岩与蒸发岩类矿物在成因上具有一定的相关性，形成的环境为盐度较高的蒸发环境，可能为蒸发泵白云石化成因。

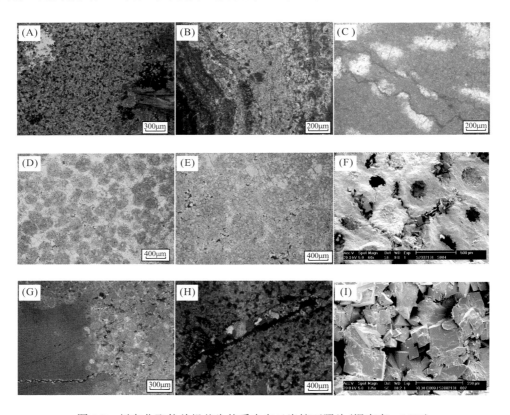

图 3.8　川东北飞仙关组共生体系中白云岩镜下照片(据李亮，2023)

(A)泥晶白云岩，鹰 1 井，2827.84m，晶体镶嵌分布，局部膏质充填，正交偏光照片；(B)泥晶含膏白云岩，朱家 1 井，5571.03m，具泥质、硬石膏、白云石韵律性纹层，针状硬石膏晶体星散分布于白云石与泥质带中，正交偏光照片；(C)泥晶含膏白云岩，金珠 1 井，2947.21m，硬石膏具有定向性，与裂缝发育方向相同，正交偏光照片；(D)鲕粒白云岩，紫 1 井，3448.32m，局部膏质充填，铸体薄片，红色为铸体充填，单偏光照片；(E)残余鲕粒白云岩，紫 1 井，3451.25m，颗粒幻影，局部膏质充填，鲕粒边界模糊，晶体表面较脏，单偏光照片；(F)残余鲕粒云岩，渡 5 井，4790.16m，铸模孔发育，扫描电镜照片；(G)含膏鲕粒白云岩，渡 5 井，4714m，鲕粒排列紧密，边界模糊，裂缝充填硬石膏，正交偏光照片；(H)含膏粉晶白云岩，罗家6井，4050m，硬石膏顺裂缝充填，部分分布于白云石晶体之间，正交偏光照片；(I)粉晶白云岩，坡 2 井，4095.36m，晶间孔发育，扫描电镜照片

2. 鲕粒白云岩

(残余)鲕粒白云岩基本保留了原始的粒屑结构,多呈球-椭球形[图 3.8(D)],鲕粒大小主要集中在 20～50μm。可见部分方解石被选择性交代,大量的铸模孔和粒间孔被方解石充填[图 3.8(E)和(F)],部分鲕粒之间有渗流砂,该类岩性主要发育于台地边缘的渡口河地区。鲕粒白云岩主要分布于台缘带飞二段、飞三段中上部,一般以深灰、灰白和褐灰色为主,中-厚层状。蒸发台地相的鲕粒多被强烈白云石化,白云石化作用强烈时,部分鲕粒结构不清,甚至鲕粒界线消失[图 3.8(G)]。

3. 粉晶白云岩

粉晶白云岩在飞一段、飞二段有少量的分布,颜色较浅,以(浅)灰色为主,具粉晶结构,中薄层状,以半自形-自形为主[图 3.8(H)],多呈镶嵌接触,晶体表面较脏,可能是因为晶粒较粗的白云石交代残余的灰泥或未被完全溶蚀的泥晶白云石,晶间孔发育[图 3.8(I)],局部有膏质充填,伴生有石膏或黄铁矿晶粒。

岩石中阴极发光(cathodoluminescence,CL)的特征和白云岩类型以及形成环境之间存在一定的关系(黄思静等,1992,2008),碳酸盐岩的阴极发光性受控于铁、锰元素含量,Mn^{2+} 在阴极射线下为激活剂(20×10^{-6}～100×10^{-6} 即可激发阴极发光),Fe^{2+} 在阴极射线下为淬灭剂(10000×10^{-6} 以上阴极发光便会完全淬灭)(Pierson,1981;黄思静,1992)。

研究区飞仙关组三种类型的白云石发光性均较弱,台地内潟湖中近地表条件下形成的泥晶膏质白云岩 Fe、Mn 含量较低,不发光或发暗光[图 3.9(A)和(B)],与之伴生的膏质不发光;台地边缘鲕滩时常暴露在海平面之上,受大气淡水影响,氧化作用强烈,Fe 和 Mn 处于高价态,不易进入白云石晶格中,因而白云石发暗红光[图 3.9(C)和(D)]。埋藏条件下粉晶白云岩处于还原环境,Fe 和 Mn 处于+2 价,发暗红光[图 3.9(E)和(F)]。

白云石有序度是白云石矿物学特征重要的表征参数,白云石的有序度可作为衡量白云岩结晶温度、结晶速度与演化程度的重要指标,结晶速度越慢,温度越高白云石的有序度越高(杨威等,2000)。在高盐度的蒸发环境中多形成富钙白云石,有序度较低;在回流渗透白云石化作用中,白云石晶体多较粗,重结晶作用不明显,镁、钙离子层排列相对较规则,有序度较高;且随着埋藏深度的增加,进入埋藏白云石化作用阶段后,地温升高,Mg^{2+} 置换白云石晶格中的 Ca^{2+},有序度也增加(曾理等,2004)。

泥晶白云岩(D1)的有序度较高,介于 0.67～0.89,平均为 0.79;鲕粒白云岩(D2)有序度分布范围为 0.68～0.95,平均为 0.84;粉晶白云岩(D3)有序度总体较高,介于 0.70～0.99,平均为 0.85[图 3.10(A)],说明 D2 与 D3 更为有序,白云石化速度相较于 D1 更缓慢,白云石结晶更从容。D3、D2 在白云石有序度-Mg/Ca 比值散点图[图 3.10(B)]上可见部分值与 D1 接近,说明 D3、D2 在成因上与 D1 具有一定的继承性。

总体而言,研究区共生体系下形成的白云石具有较高的有序度,相比之下,D1 白云石化速度较快,D2、D3 白云石化流体的作用速度较为缓慢,晶体从容有序生长,且从金珠 1 井的沉积旋回中白云石的有序度变化可看出,其有序度具有随埋深的增加而缓慢增加的趋势(图 3.11),下部 D3 白云石化程度更强,可能是受到后期埋藏作用的影响。

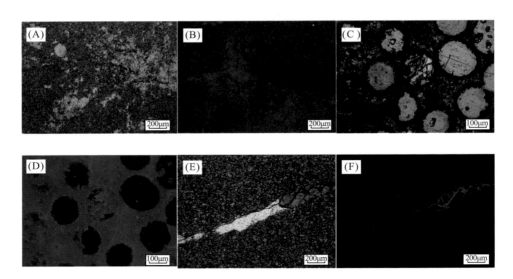

图 3.9　研究区飞仙关组白云岩薄片与阴极发光照片(据李亮，2023)

(A)泥晶膏质白云岩，金珠 1 井，2947.09m，正交偏光照片；(B)泥晶膏质白云岩，金珠 1 井，2947.09m，泥晶白云岩发暗褐光，颗粒内部粉晶白云石发暗红光，石膏不发光，阴极发光照片；(C)残余鲕粒含膏白云岩，普光 102-1 井，5647.56m，残余鲕粒由半自形的粉晶白云石构成，粒间溶孔、粒内溶孔、铸模孔发育，粒内溶孔被半自形的白云石和石膏半充填，粒间由较明亮的半自形粉晶白云石填充，单偏光照片；(D)残余鲕粒含膏白云岩，普光 102-1 井，5647.56m，粒内的半自形粉晶白云石发褐色-暗红褐色光，具暗红褐色亮边，粒内发蓝色光的充填物为石膏，粒间的半自形粉晶白云石发暗褐色光，具暗红褐色亮边，孔隙不发光，阴极发光照片；(E)粉晶白云岩，紫 1 井，3457.45m，单偏光照片；(F)粉晶白云岩，紫 1 井，3457.45m，白云石发暗红光，阴极发光照片

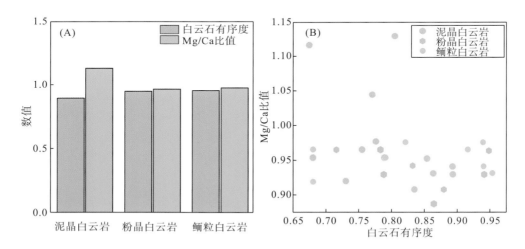

图 3.10　川东北飞仙关组共生体系白云石有序度与 Mg/Ca 比值直方图(A)、散点图(B)

(据李亮，2023)

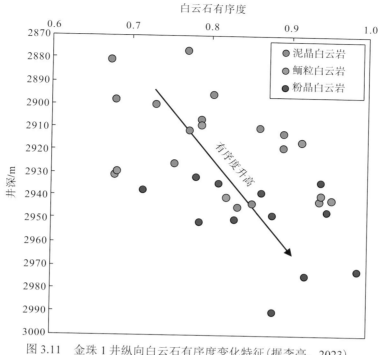

图 3.11　金珠 1 井纵向白云石有序度变化特征(据李亮，2023)

3.2.4　蒸发岩类

1. 膏岩

共生体系之中的蒸发岩主要为膏盐岩。狭义上，膏盐岩指的是成分包括氯化物(钠盐、钾盐等)和硫酸盐(石膏、硬石膏等)的一类化学沉积岩(Warren，2006)。研究区内蒸发岩类岩石主要为膏岩，在局限台地内分布较多，多发育在飞一段、飞四段，矿物成分主要为硬石膏，颜色多为白色及浅灰色[图 3.12(A)]，镜下多呈针状、分散状、板状、板条状或短柱状[图 3.12(B)]，干涉色鲜艳，通常与泥粉晶白云石共生，受压实作用影响易发生形变。膏岩中常含数量不等的泥-粉晶白云石或白云质粉屑，含量较多时，向白云质膏岩和膏质白云岩过渡[图 3.12(C)]。根据岩心和薄片观察结果，研究区下三叠统飞仙关组共生体系中硬石膏主要有三种赋存形式：块状硬石膏，主要发育在上述石膏韵律层中；白云岩中分布的硬石膏；缝洞中充填的硬石膏。

2. 白云质膏岩

多以纹层状出现，宏观上呈浅灰色-灰白色厚层块状特征，石膏占比为 50%～75%，厚度从几十厘米到几米不等，多具厘米级韵律纹层构造，由灰白色膏岩与浅灰色膏质白云岩频繁互层所致，接触界面边缘不平整，凹凸不平[图 3.12(B)]。镜下硬石膏多呈板条状或针柱状，大小在 0.04mm×0.16mm 左右，放射状分布[图 3.12(C)]，局部见少量零散分布的白云石晶体[图 3.12(D)]。

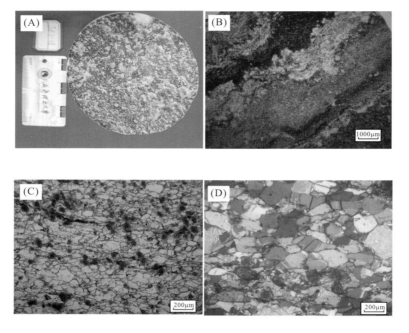

图 3.12   川东北飞仙关组共生体系中蒸发岩岩心及镜下照片(据李亮，2023)

(A)膏岩，金珠 1 井，2906.10m，具油脂光泽；(B)膏岩，渡 5 井，4772.29m，云-膏间互成层，硬石膏多呈针状分布其中；
(C)含云膏岩，金珠 1 井，2914.33m，具有一定定向性，硬石膏为主，含有少量白云石，单偏光照片，茜素红染色；(D)含
云膏岩，金珠 1 井，2887.98m，硬石膏之间零星有白云石分布，正交偏光照片

3.3   飞仙关组共生体系沉积相特征

3.3.1   沉积相类型与划分

　　川东北地区白云岩-蒸发岩共生体系的形成与演化过程中，沉积作用的控制较为明显，它不仅决定了共生体系的大致分布范围，还影响着共生体系所经历的成岩作用类型、强度及内部岩矿的组合形式等。因此，沉积相分析是共生体系研究的关键内容之一。

　　飞仙关组沉积相的研究已有较长的历史，并取得了明显的进展以及丰硕的成果(王一刚等，2005；郑荣才等，2011)。前人研究成果为本书共生体系的研究奠定了基础，提供了丰富的资料和有益的借鉴。在此基础上，根据川东北地区钻井测井解释及岩心观察，对沉积相进行了识别与划分。

　　研究区在飞仙关时期为碳酸盐台地沉积体系，根据沉积时沉积环境和沉积产物的特征，划分出蒸发台地、局限台地、开阔台地、台地边缘等沉积相类型，以及潮坪、潟湖、台内浅滩、潮下、浅滩 5 种亚相(表 3-3)。

表 3-3　川东地区飞仙关组沉积相划分方案

相	亚相	微相	岩性
蒸发台地	潮坪	膏坪、膏云坪	膏岩、膏云岩、云膏岩
局限台地	潮坪	灰坪、泥坪、灰云坪	泥晶灰岩、泥岩、灰质白云岩、白云质灰岩
	潟湖	膏质潟湖、灰质潟湖	膏岩、膏质灰岩
开阔台地	台内浅滩	鲕滩、生屑滩、滩间	鲕粒灰岩、生屑灰岩、砂屑灰岩、残余鲕粒(灰质)白云岩、含颗粒泥晶灰岩
	潮下	静水泥	泥晶灰岩、(含)颗粒泥晶灰岩、泥灰岩、泥页岩
台地边缘	浅滩	鲕滩、生屑滩	鲕粒灰岩、生屑灰岩、鲕粒白云岩、生屑白云岩、残余颗粒白云岩、晶粒白云岩
		滩间	泥晶灰岩、(含)颗粒泥晶灰岩

1. 蒸发台地

蒸发台地是共生体系发育的主要场所，具有盐度高、水循环差，古地貌较高或长期出露地表等特征，蒸发作用强烈，以沉积膏岩、膏云岩、云膏岩为主，潮汐层理、暴露溶蚀构造常见，主要发育于 SQ1。含各种产状硫酸盐沉积的潮坪层序(塞卜哈)发育，主要发育在 ssq3，膏岩与薄层鲕粒岩、泥晶白云岩呈薄互层状，常见干裂、角砾化等暴露标志。在 ssq2、ssq3 常见到含石膏分散晶体、结核、肠状石膏的泥晶白云岩及鲕粒白云岩；ssq5 也常有薄层膏岩发育(图 3.13)。

2. 局限台地

局限台地发育于台地内部或台地边缘等起障壁作用的礁、滩体(局部地貌高地)之后，水体循环受限，盐度偏高，生物贫乏。岩石类型以页岩、泥灰岩及灰岩为主，偶见薄层泥质白云岩，暗紫色灰质页岩与深灰色灰岩不等厚互层。可细分为潟湖和潮坪两个亚相，是共生体系发育的次要场所(图 3.13)。

(1)潟湖：局限台地内的低洼地区，位于正常浪基面以下，水体安静，盐度偏高，生物贫乏，种类单调，沉积物以灰泥为主，常发生准同生白云石化。岩性主要为灰-深灰色薄-中层泥质灰岩、泥晶灰岩、白云质灰岩、灰质白云岩、泥晶白云岩等，偶夹风暴成因的透镜状颗粒岩，水平层理常见。在干燥气候条件下，由于强烈蒸发作用，潟湖内的盐度不断增大，向蒸发台地转化。纵向上潟湖主要发育于飞仙关组上部。

(2)潮坪：为局限台地内平均高潮线—低潮线之间或平均高潮线以上的受潮汐作用控制的极浅水和暴露环境。潮坪沉积物以灰泥和陆源碎屑泥为主，岩性主要为薄-中层紫灰色泥岩、泥灰岩、泥晶灰岩、泥晶白云岩、膏岩及它们之间的过渡岩性；石膏、硬石膏等硫酸盐沉积物多分散在泥晶白云岩中，以单个晶体、结核状、脉状、层状等产状出现，具有塞卜哈沉积的特征(Esteban and Klappa，1983)。

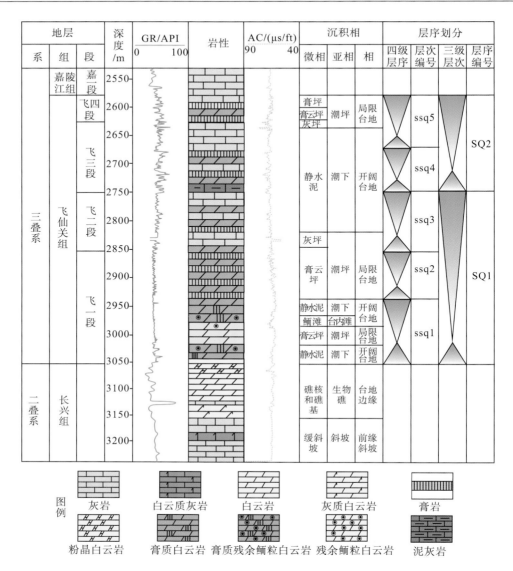

图3.13　金珠1井飞仙关组综合柱状图(据李亮，2023)

注：GR表示自然伽马；AC表示声波时差；1ft=0.3048m。

3. 开阔台地

　　开阔台地水体较浅，与广海连通性好，水体循环通畅，盐度正常。该相带广泛分布于飞仙关组，岩石类型主要有泥晶灰岩、(含)颗粒泥晶灰岩、亮晶鲕粒灰(白云)岩、亮晶砂屑灰岩等，颜色为浅灰色-深灰色，单层厚度一般以中层为主，常发育水平层理、波状层理、交错层理、生物扰动等沉积构造。

4. 台地边缘

　　台地边缘是波浪和潮汐作用改造强烈的高能地带，平面上沿开江—梁平海槽、城口—

鄂西海槽及川东孤立台地周缘呈环带状分布，偶见共生体系发育。研究区台地边缘滩体主要发育在飞仙关组中下部，沉积物以鲕粒为主，亮晶胶结，常有白云石化现象。

川东北地区飞仙关组整体是处于海退背景下的沉积，共生体系主要发育在局限台地及蒸发台地两种沉积相中，台地边缘少量井可见石膏与白云岩共生现象。

台地边缘主要为鲕坝(滩)沉积，鲕粒岩沉积厚度大，粒度粗，分选好，少量豆粒和细鲕，岩性主要为鲕粒白云岩夹鲕粒灰岩及少量泥晶灰岩，不含膏岩及其他蒸发岩。白云石化作用强烈时，部分鲕粒结构不清，甚至鲕粒界线消失。早期鲕模孔较发育，常被粒状方解石或单晶方解石充填，表明鲕滩曾经暴露海平面，受到大气淡水影响。

台地内为局限潟湖，发育台内点滩。由于台地边缘鲕坝(滩)的障壁作用，台地内海水循环不畅，受蒸发作用的影响，海水盐度大。沉积物主要为厚层膏岩、白云质膏岩、膏质泥晶白云岩、泥晶白云岩及膏质砂屑白云岩，夹少量泥晶灰岩、砂屑灰岩及膏质结核灰岩。

3.3.2　沉积相展布及演化

根据层序地层研究所提供的时间界线，结合各岩类的分布情况及测井资料、区域地质资料和前人研究成果，对研究区内飞仙关组与长兴组进行单井相分析和多井相对比。在对整个海槽东侧沉积演化的宏观研究的基础上，充分利用现有钻井资料，对飞仙关组和长兴组的沉积相带展布及发展演化情况做了较为深入的研究。

飞仙关组时期沉积相纵横向变化大，总体上看是台地相向西南方向不断扩大，而海槽相相应退缩。

1. 纵向变化

飞仙关组沉积相纵向演化趋势是：自下而上，其相序的变化特征显示了水体逐渐变浅的特点，由斜坡逐渐过渡为开阔海(黄龙场区块)，最终趋于局限海的局限潮坪沉积(七里北、渡口河区块)。内部包含若干个向上变浅的相序变化。飞仙关组时期碳酸盐台地沉积的加积和进积特征明显，代表较强沉积水动力条件的鲕粒白云岩在台地边缘最发育，向台地内部明显减少。而白云石化的程度主要受近地表成岩环境的物理化学条件的影响。到飞四段时，海槽已逐渐被填平补齐，实现了地形、地貌上的均一化，T_1f^4 发育一套区域性潮坪沉积。在局限海台地与开阔海台地之间的七里北地区，为台地内部的局部高地貌，局限台地向开阔台地转变的过渡区，鲕粒白云岩与鲕粒灰岩相对发育，且具有一定的白云石化作用，为储层发育的较有利地区。

2. 横向展布及其演化

对研究区的飞仙关组各时期沉积相的展布及演化情况详述如下。

(1) I 旋回：I 旋回早期，从长兴组中晚期发展起来的开江—梁平海槽仍然存在，且分布范围较大，总体呈北西向展布，此时碳酸盐台地初具雏形，分布范围相对狭小。从目前钻井资料看，陆棚(斜坡)相在开江—梁平海槽东侧地区较为宽泛，坡度较缓。I 旋回末期，随着碳酸盐台地朝北东方向不断增生，开江—梁平海槽逐渐消亡，台内鲕滩开始发育。随着海平面逐渐下降，沉积环境逐渐变浅，继续进积。碳酸盐岩高速沉积，台地开始向北扩展，海槽被沉积物迅速充填，沉积界面上升至风暴浪基面之上，演化为陆棚。海槽东侧台缘鲕滩向西迁移至罗家寨一带，由于台内鲕滩的遮挡作用，其后广大地区（包括渡 5 井—罗家 5 井及其以东地区）成为受保护的低能环境，以沉积大套泥晶灰岩、薄层泥晶白云岩及石膏与膏质白云岩组合为特征。

（2）II 旋回：该时期是台缘鲕滩发育的繁盛阶段。在沉积环境总体变浅的背景下，又经历一个相对海平面逐渐上升→下降的次级旋回，海槽继续向南西方向退缩，台地上碳酸盐岩快速沉积，台地不断向陆棚区加积增生，陆棚也同时向原海槽区迁移。台地上滩体发育厚且有向原海槽区迁移的迹象。

此时研究区在 I 旋回末期的基础上，沿海槽展布的鲕滩继承发育，在区内平行海槽呈北西—南东向展布，滩体横向连片，分布范围广，鲕粒白云岩与鲕粒灰岩累计厚度大。由于台地边缘继续向南西方向迁移，研究区台缘带演变为位于台地内部的开阔台地环境，以发育台内鲕滩为主。台缘鲕滩对其后方的沉积环境形成局限海沉积。研究区中钻井剖面上 II 旋回顶部可见到以薄纹层泥晶白云岩、石膏或鲕粒角砾岩为代表的浅环境标志，而在西侧 II 旋回顶部未见明显的潮坪沉积，多为自然伽马增高段，说明当时两侧的古地貌仍存在明显差异，导致海槽东西两侧沉积相的差异。同时，七里北—渡口河地区水体开始变浅，开始出现台内鲕滩沉积。

（3）III 旋回：在沉积环境总体变浅的背景下，相对海平面略有上升而后又迅速下降，又经历了一次完整的海平面升降旋回。研究区内大部分已转化为台地环境，是台内鲕滩大量发育的时期。沉积环境较 II 旋回时更浅，台缘鲕滩厚度明显减薄。工区内总体上以台内鲕滩、滩间潟湖及潮坪沉积为主，台缘鲕坝可能主要发育在渡 4 井—七里北 1 井—罗家 6 井一线，厚度减薄，大多为 10～20m，其后广大地区仍为受局限的低能环境，以潟湖或潮坪相的泥晶白云岩及膏岩类沉积为主。总体看该层序鲕滩储层的储集性能较 II 层序差。

（4）IV 旋回：区域海平面又经历了一个略微上升而后迅速下降的旋回，沉积环境继续变浅，区内已完全台地化。开江—梁平海槽区已转化为一分布面积较大的台地潟湖沉积，以中层状泥灰岩为主。

（5）V 旋回：填平补齐时期，台地走向均一化阶段。在 V 旋回时期，海平面继续下降（相当于 T_1f^4 段），随飞仙关期最后一次海平面下降，沉积环境已完全均一化，整个川东地区均为一套广阔的潮坪沉积，发育灰泥岩、泥岩、泥晶白云岩、膏质白云岩及石膏等，基本无鲕粒白云岩与鲕粒灰岩分布。

纵观研究区整个飞仙关组沉积环境的演化，在总体向上变浅的过程中又经历若干次由于海平面频繁升降所引起的次级旋回。台地不断加积增生、海槽退缩消亡是盆地北部地区飞仙关期沉积发展的主要特征，它们导致沉积相带在平面上的不断迁移，纵向上的重复叠置。需要指出的是，这种相带的迁移（特别是鲕滩的穿时迁移）在有的地区表现并不明显，这可能与井间古地貌差异较小以及局部基底沉降有关。

3.3.3 沉积相模式

飞仙关组沉积早期，区域上发生大规模海侵，台地范围大面积缩小。此时，研究区仍为"台-槽"沉积格局，台地四面被深水所围限，具有孤立台地沉积特征，部分地貌较高区域已经从前缘斜坡转变为台地边缘相并且开始发育鲕滩。中-晚期，由于海平面的下降以及强烈沉积作用，研究区台地不断向海槽方向增生，直接导致海槽逐渐被填平补齐，最终全部演变为浅水台地相，并最终实现海槽东侧台地与连陆台地连为一片，转变为连陆碳酸盐台地。在海槽不断填平补齐的过程中，海槽东侧滩体主体以加积作用为主，海槽西侧台地内的浅滩不断地向海槽方向迁移，到飞仙关组沉积末期，东侧均以向东迁移为主要特征。

3.4 飞仙关组共生体系分布规律

在层序与沉积相的划分研究中可发现，白云岩-蒸发岩共生体系具有显著的层控和相控特征，与沉积演化有着千丝万缕的关联，本节将结合层序地层学以及沉积相特征，对研究区共生体系的分布特征进行详细阐述，动态地揭示飞仙关组共生体系的时空展布和演化。

3.4.1 飞仙关组共生体系纵向分布特征

共生体系主要发育于蒸发台地和局限台地相中，在纵向上有着明显的发育规律，总体研究区飞仙关组沉积相纵向上是向上变浅的沉积序列，随着海平面周期性波动、海水盐度与气候等控制因素的变化，沉积物在时空分布上不断变迁，在纵向上随机组合为蒸发岩含量不同的共生体系韵律序列(王一刚等，2005)。本节通过对层序地层划分以及沉积相研究，以层序为时间标准，结合沉积相的演化，厘清共生体系的纵向分布特征，在纵向上共识别出灰岩-白云岩-石膏岩叠置组合序列(Ⅰ型)、膏质泥晶白云岩韵律序列(Ⅱ型)、层状膏岩韵律序列(Ⅲ型)3套共生体系韵律旋回(图 3.14)。

以鹰 1 井为例，沉积环境整体上为水体逐渐变浅(图 3.14)。纵向上，在下部发育灰岩-白云岩-石膏岩的典型组合序列，石膏为盖顶；中部为含石膏质夹层的膏质泥晶白云岩韵律序列，由薄层含硬石膏晶体、团块及肠状石膏层的泥晶灰岩、泥晶白云岩组成；上部为潮下鲕滩的层状鲕粒白云岩、鲕粒灰岩与膏坪相、膏云坪相的层状石膏岩、膏质白云岩组成的层状膏岩韵律序列。

1. 灰岩-白云岩-石膏岩组合序列

该序列发育在 ssq1 下部，随着海平面变浅、气候逐渐干燥，潮坪相中开始沉积石膏岩，石膏岩形成时的高盐度卤水逐渐下渗，使得早期形成的下伏灰岩地层发生白云石化，在纵向上形成共生体系中典型的灰岩-白云岩-石膏岩三者叠置的共生组合(图 3.14)。

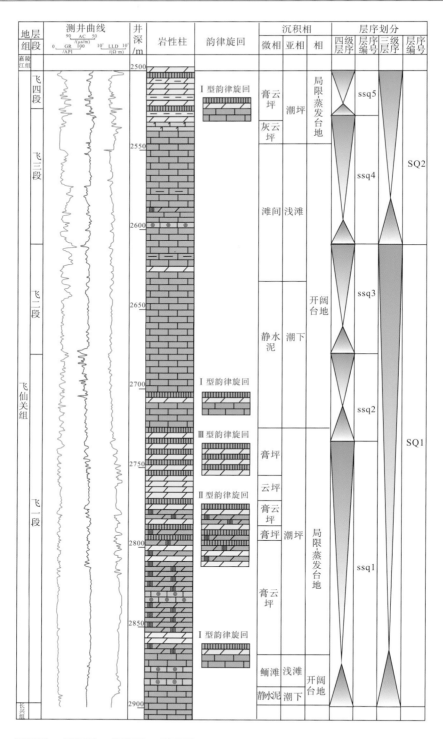

图 3.14　鹰 1 井共生体系沉积旋回(据李亮，2023)

2. 膏质泥晶白云岩韵律序列

该序列是主要由膏质白云岩、泥晶白云岩、膏质泥晶灰岩及薄层鲕粒白云岩等组成的潮坪层序组合，泥晶白云岩以及鲕粒白云岩中可见硬石膏斑块、晶体，多为干燥的气候环境下，在准同生期受蒸发作用影响形成，高浓度卤水交代早期的灰质沉积物，夹有薄层石膏岩、肠状石膏等［图 3.15(A)］。此外，还有高角度裂缝被石膏充填［图 3.15(B)］，缝宽分布范围广，为 0.2～2cm，表明在沉积后期有高浓度卤水渗入，缝洞中还可见硫磺晶体［图 3.15(C)］。与层状膏岩韵律序列相比，该序列石膏岩所占比例较低。

3. 层状膏岩韵律序列

该序列主要发育在 ssq2 和 ssq5，出现在鲕粒岩之上，二者间呈渐变关系。由薄层状膏盐岩夹膏质鲕粒白云岩及泥晶白云岩互层组成，反映了气候环境变化较为频繁。发育薄层蒸发岩的潮坪沉积环境地貌开阔，潮汐能分散，水动力相对较弱。层序中膏质白云岩及膏质鲕粒白云岩中发育有含量不等的硬石膏结核、针状和板状晶体［图 3.15(D)］，膏盐岩以不规则层状、肠状为主，形变严重。在紫 1 井、朱家 1 井岩心上都可观察到厘米级别旋回，以及不规则纹层、变形纹层、递变纹层等潮上带、潮间上带的相标志［图 3.15(E)和(F)］。

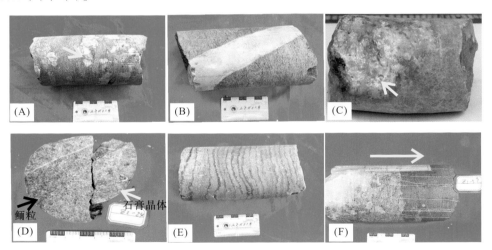

图 3.15　川东北飞仙组共生体系沉积特征(据李亮，2023)

(A)膏质白云岩，黄色箭头指示硬石膏斑块，月溪 1 井，3373.68m；(B)含膏白云岩，高角度裂缝被石膏充填，金珠 1 井，2946.26m；(C)膏质白云岩，黄色箭头指示孔洞中充填硫磺晶体，金珠 1 井，2896.01m；(D)膏质鲕粒白云岩，鲕粒径为0.5～0.8mm，细小石膏晶体星散状分布于鲕粒之间，紫 2 井，3367.59m；(E)层状石膏岩中的变形纹层，夹有膏质白云岩，接触界面不平整，朱家 1 井，5559.10m；(F)石膏向膏质白云岩渐变，黄色箭头指示地层顶部，表明水体变深，盐度降低，向上石膏矿物含量明显减少，紫 1 井，3467.75m

3.4.2 　飞仙关组共生体系横向分布特征

沉积相连井对比可以有效地识别共生体系在横向上的发育规律，飞仙关组 SQ1 时期，在研究区蒸发台地东部（金珠坪、老鹰岩等地区）相序组合基本一致（图 3.16）。膏坪相主要在 SQ1 时期，集中分布在金珠坪、老鹰岩一带，在金珠 1 井、鹰 1 井的厚度达到 80m 以上（图 3.16、图 3.17），向西至普光地区逐渐变薄，膏盐岩含量降低，膏质白云岩含量逐渐增加，相变为膏云坪相。发展至 SQ2，在 ssq4 时期，普遍为开阔台地沉积，共生体系不发育。至 ssq5 时期，研究区已均一化为局限台地沉积，是共生体系发育的鼎盛期，但整体发育较薄（图 3.17）。上述分析表明共生体系主要发育在 SQ1 层序之中，因此，根据台地内以及台地边缘 SQ1 时期岩相发育情况统计可知，发育于蒸发台地内的金珠坪、老鹰岩等井区蒸发岩占比相较于发育于台地边缘中的渡口河（渡 5 井）、铁山坡（坡 2 井）井区更高（图 3.18）。

3.4.3　飞仙关组共生体系平面分布特征

白云岩-蒸发岩共生体系在平面上的展布受层序格架下沉积相的分布控制。在飞仙关期的沉积过程中，随着相对海平面下降，海槽区逐渐被充填，沉积环境逐渐发生变化，台地范围明显扩大，平面上共生体系分布规律明显。海槽东侧飞仙关组共生体系沉积主要发育在古地貌较高的局限-蒸发台地沉积环境，蒸发台地中不同地区的次级沉积环境的变化形成了不同的相序组合。

SQ1 层序发育期，飞仙关组形成以海槽为中心，向东侧依次为台地边缘—开阔台地—局限台地—蒸发台地的沉积相带展布格局（郑荣才等，2007）；研究区 ssq1 早期，海平面逐渐下降，碳酸盐台地初具雏形，分布范围相对狭小，主要为局限台地-云坪和潮坪沉积环境（图 3.19）；在铁山坡北侧—高张坪—紫水坝一线局部发育有滩体，时间短暂，沉积厚度较薄，在其障壁后方的朱家 1 井—金珠 1 井—鹰 1 井一带飞仙关组底部发育有泥晶白云岩及膏岩类沉积组合，表明为局限的低能环境。

发展至 ssq2 时期，海平面持续下降，水体较浅，沉积环境进一步变浅，碳酸盐台地开始逐渐向外扩展，主要为蒸发台地环境，以膏质潟湖、膏坪、云坪和浅滩沉积为主，台地边缘发育良好的颗粒滩微相（图 3.20）。

到了 ssq3 早期，随海平面上升速率的持续减缓，相对海平面不断下降，碳酸盐台地范围不断扩大，沉积环境持续变浅，原海槽区持续被沉积物充填，包括坡 1 井—渡 5 井—罗家 5 井及其以东地区为低能环境，以沉积泥晶灰岩、泥晶白云岩及石膏、膏质白云岩组合为特征，地层厚度受古地貌和填平补齐影响，整体呈现北西侧、中部和南侧较厚，西侧及东侧较薄的特点（图 3.21）。ssq3 时期膏盐岩分布在金珠 1 井最厚（54m），膏岩段在川东北蒸发台地东部金珠 1 井地区厚度大于 50m，以金珠 1 井为中心向台地边缘（西南罗家 6 井）方向逐渐减薄，普光 1 井该段厚 54m，薄层状膏岩夹于鲕粒白云岩、泥晶白云岩互层中（图 3.22）。石膏形成时消耗了大量 Ca^{2+}，导致潟湖内水体 Mg^{2+}/Ca^{2+} 比值大幅升高，大量的高含 Mg^{2+} 卤水自膏质潟湖中心向台地边缘鲕滩渗透引起白云石化，白云岩厚度自膏岩湖一侧向斜坡一侧减小，灰岩厚度增加，表明白云石化流体是从膏质潟湖向台地边缘运移（图 3.22）。

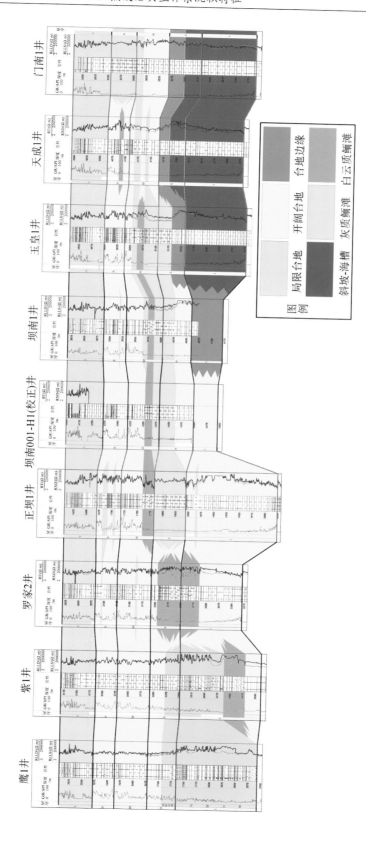

图 3.16　鹰1井—紫1井—罗家2井—正坝1井—坝南001-H1(校正)井—坝南1井—玉皇1井—天成1井—门南1井沉积相连井剖面图

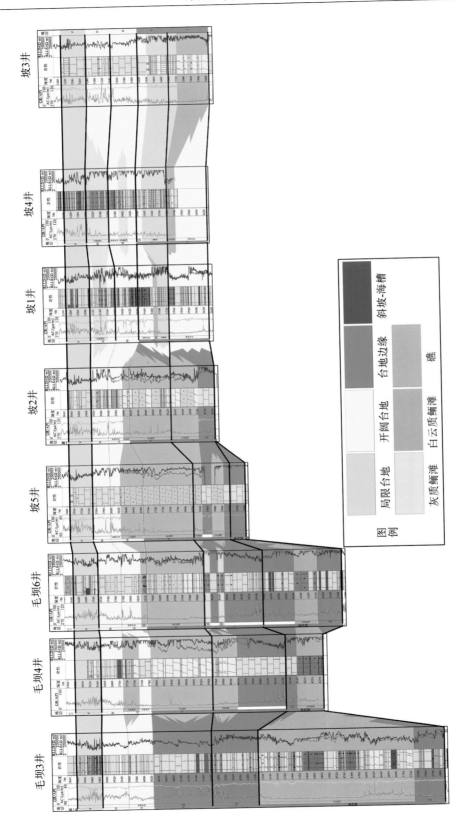

图 3.17 毛坝3井—毛坝4井—毛坝6井—坡5井—坡2井—坡1井—坡4井—坡3井沉积相连井剖面图

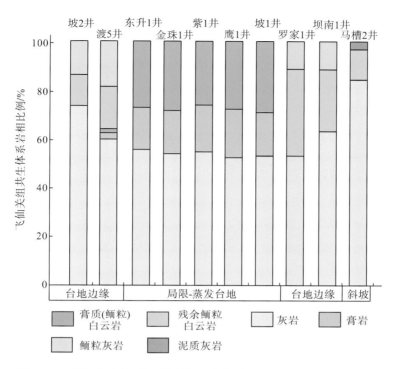

图 3.18 研究区不同相带飞仙关组共生体岩相比例(据李亮，2023)

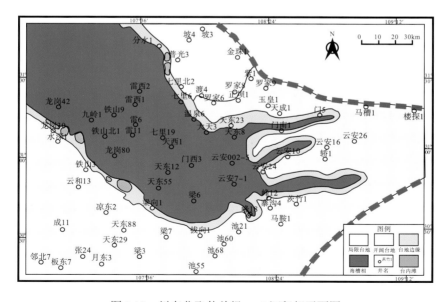

图 3.19 川东北飞仙关组 ssq1 沉积相平面图

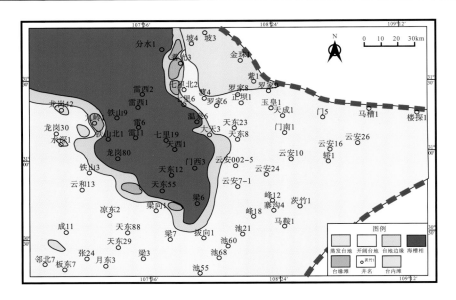

图 3.20　川东北飞仙关组 ssq2 沉积相平面图

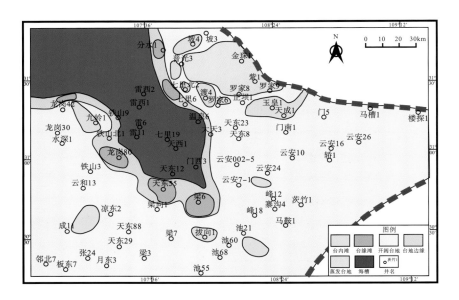

图 3.21　川东北飞仙关组 ssq3 沉积相平面图

　　ssq5 时期，海平面大幅度下降，水体循环受限，气候干旱炎热，进入频繁暴露的蒸发台地环境，研究区整体以沉积膏岩为主，但由于持续时间短，厚度较薄（图 3.23）。

　　通过对 SQ1 和 SQ2 白云岩与膏岩平面厚度（图 3.22、图 3.23）进行分析可知，SQ1 共生体系厚度普遍大于 SQ2，且 SQ1 中白云岩与膏岩共生更密切，二者在平面上叠置明显，根据统计，SQ2 时期的膏岩对白云岩的发育贡献不大，联系不甚紧密。

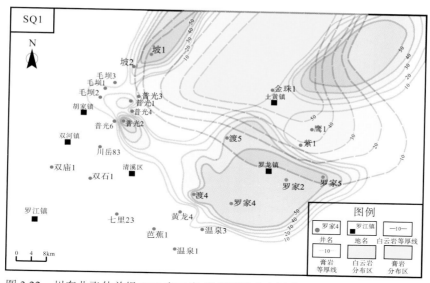

图 3.22　川东北飞仙关组 SQ1 白云岩-膏岩厚度分布图(据郑荣才等，2009 修改)

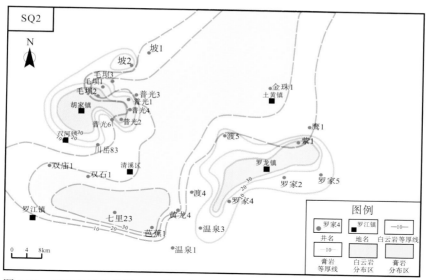

图 3.23　川东北飞仙关组 SQ2 白云岩-膏岩厚度分布图(据郑荣才等，2009 修改)

3.5　飞仙关组共生体系沉积演化模式

纵观研究区整个飞仙关组沉积环境的演化，在总体向上变浅的过程中经历了多次由于海平面频繁升降所引起的次级旋回，台地不断加积增生、开江—梁平海槽退缩消亡是盆地东北部地区飞仙关期沉积发展的主要特征，共生体系随沉积相带在平面上不断迁移，在纵向上穿时抬升、重复叠置。综上所述，川东北共生体系的沉积演化模式总结如下(图 3.24)。

　　长兴组沉积晚期，研究区为一夹于开江—梁平海槽与城口—鄂西海槽之间的孤立台地沉积环境，台地内部未见共生体系发育组合。

　　至早三叠世，随着海平面上升，ssq1 早期研究区处于海侵体系域，海平面快速上升（刘建强等，2012），在底部发育了一套泥晶灰岩夹泥岩的沉积组合［图 3.24（D）］。此时，共生体系发育的金珠 1 井、朱家 1 井、月溪 1 井一带处于蒸发较强的潮坪沉积环境，其余地区水体能量低，以泥粉晶灰岩、泥质粉晶灰岩沉积为主。

　　ssq2～ssq3 早期，海平面开始逐渐缓慢下降，是飞仙关组共生体系发育的关键时期。沿赵家湾—正坝—罗家寨一线地貌高地演化近似 U 形的台地边缘带，台地边缘和台内鲕滩的障壁为高位期膏云岩大面积发育奠定了基础，该线以北成为共生体系发育的重要场所，局限台地内部蒸发潟湖中石膏沉淀消耗了大量 Ca^{2+}，使得潟湖内水体 Mg/Ca 比值上升，大量的富镁卤水自潟湖中心向台地边缘渗透，发生广泛的白云石化作用，形成

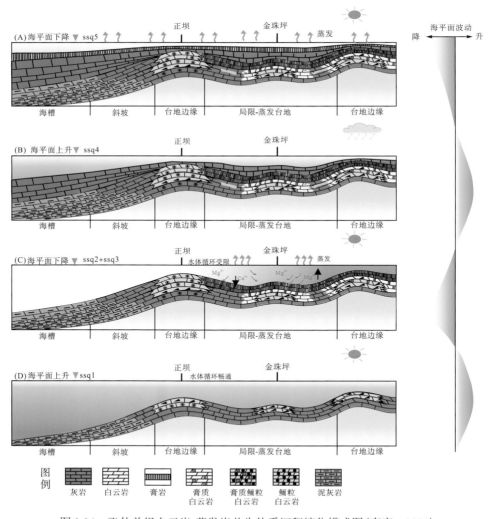

图 3.24　飞仙关组白云岩-蒸发岩共生体系沉积演化模式图(李亮，2023)

膏质白云岩、膏质鲕粒白云岩等［图 3.24（C）］，随沉积环境的变化，沉积物在时空分布上不断变迁，组合为蒸发岩含量不同的共生体系沉积序列。

　　至 ssq4 时期再次发生海侵，伴随飞仙关组沉积物对全区地貌差异的填平补齐，全区演化为开阔台地，由于缺乏台缘障壁环境，白云石化作用较弱，仅在金珠 1 井、鹰 1 井等地区有少量共生体系发育［图 3.24（B）］。ssq5 时期全区海平面大幅下降（张建勇等，2011），区内洼地填平补齐，以泥质灰岩、膏岩、膏质泥晶白云岩等共生体系沉积为主［图 3.24（A）］。

第4章 川东北飞仙关组白云岩-蒸发岩共生体系地球化学特征

4.1 样品选择与数据评估

针对本次共生体系地球化学的研究，基于沉积学及岩石学研究选取川东北地区具有代表性的蒸发台地及台地边缘的钻井岩心进行分析。选取样品包括泥晶灰岩样品 3 件，膏盐岩样品 15 件，以及与其紧密共生的泥晶白云岩(D1)样品 15 件，鲕粒白云岩(D2)样品 8 件，粉晶白云岩(D3)样品 8 件，用于不同地球化学分析。样品在采集挑选后，根据显微镜下观察特征使用微钻钻取用于各类地球化学分析的粉末样品(均小于 200 目)，钻取过程中避开脉体以及非均一组分。

海水中的稀土元素(rare earth element，REE)含量非常低(约为 $0.6×10^{-6}$)(Kawabe et al.，1998)，因此海相碳酸盐岩中的微量元素和稀土元素含量通常较低。而陆相沉积物的总 REE 含量较高(一般大于 $100×10^{-6}$)，海相碳酸盐岩稀土元素信息极易受到陆源碎屑(硅酸盐矿物)影响，研究表明海相碳酸盐岩中仅 1%硅酸盐含量就能够明显改变其稀土元素配分模式，在本书中，将受陆源碎屑影响的样品定义为受污染样品，在稀土元素分析中将其剔除(Kamber and Webb，2001；Nothdurft et al.，2004；Frimmel，2009；Ling et al.，2013；Bolhar et al.，2015；Zhao and Zheng，2017)。

因此在地球化学解释之前，对样品进行陆源碎屑污染程度和成岩蚀变程度的评价，以确保数据分析的可靠性，从而获得准确的沉积环境信息与白云石化流体信息。REE 含量和 TiO_2、MnO、Fe_2O_3、SiO_2 含量之间具有较强的线性相关性[图 4.1(A)~(D)]，表明样品稀土元素组成受到了一定程度的污染(图 4.1)，经排查，受污染样品主要为泥晶白云岩，推测与其形成环境为近地表易受到陆源碎屑影响有关。

以 Th 含量<$0.5×10^{-6}$、Sc 含量<$2×10^{-6}$、Zr 含量<$4×10^{-6}$为标准对样品进行筛选排除受污染样品(赵彦彦等，2019)，在排除受影响的样品后，数据几乎不存在 REE 含量和 TiO_2、MnO、Fe_2O_3、SiO_2 含量之间的相关性(图 4.2)。此外，筛选后样品的总 REE 含量都很低(平均为 $3.01×10^{-6}$)，这与陆相沉积物的总 REE 含量(一般为大于 $100×10^{-6}$)(Qing and Mountjoy，1994)截然不同，与海相碳酸盐岩的低总 REE 含量特征一致。并且，Sc、Zr、Th 含量远低于上地壳的平均含量(Sc 为 $14.90×10^{-6}$，Zr 为 $240×10^{-6}$，Th 为 $2.3×10^{-6}$)，进一步表明筛选后飞仙关组样品受陆源碎屑污染程度小(Taylor and McLennan，1981)。

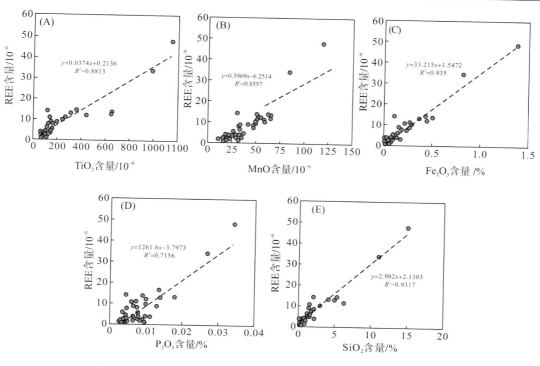

图 4.1 研究区飞仙关组样品受污染程度判别图(据李亮, 2023)

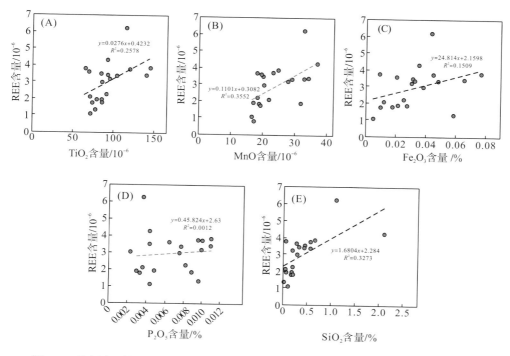

图 4.2 研究区飞仙关组样品受污染程度判别图(剔除受污染样品后)(据李亮, 2023)

碳酸盐岩重结晶期间，Sr 会优先去除，Mn 在晚期铁方解石胶结物的形成中富集（Kaufman et al.，1993；Korte et al.，2006），因此可利用 Sr 含量和 Mn/Sr 比值来检测成岩蚀变程度。通常认为 Mn/Sr 比值小于 1.5，$\delta^{18}O$ 值大于−10‰的碳酸盐岩没有明显的成岩蚀变（Fölling and Frimmel，2002）。本书样品 Mn/Sr 比值均小于 0.85，$\delta^{18}O$ 值均大于−8.056‰，表明没有发生明显的成岩蚀变。

综上所述，认为筛选后的样品受污染程度低，经历成岩作用较弱，具有较好的代表性，可以用于地球化学分析，反映古海水成分并示踪白云石化流体。

4.2 元素地球化学特征

碳酸盐成岩过程中，在一系列因素影响下(如岩矿特征、矿物的溶解沉淀方式、沉积成岩环境、元素组成、元素间分配系数的差异以及成岩系统的开放性或封闭性)，总是伴随着元素的迁移(黄思静，2010)，因此不同类型岩石的元素特征也就反映了其形成时的流体与环境特点。成矿流体中元素的丰度决定了原生沉淀时矿物中元素的含量，而海水作为碳酸盐沉积时的流体，会受到成岩环境及其他成岩流体的影响而发生不同程度的变化。因此，了解保存了原始海水信息特征的泥晶灰岩的元素含量，并对比共生体系下不同类型白云岩的元素组成特征，将有助于分析其成岩环境及成岩流体特征，进而探讨共生体系下的白云岩成因。

4.2.1 主微量元素特征

1. Ca、Mg 元素特征

研究区飞仙关组白云岩成岩过程表现为富 Mg^{2+} 贫 Ca^{2+}。泥晶灰岩具有最高的 CaO 含量(平均值为 51.43%)和最低的 MgO 含量(平均值为 1.28%)，相较于灰岩，泥晶白云岩的 CaO 含量变化范围是 28.70%~41.60%，平均值为 32.80%，而 MgO 含量变化范围较大，为 7.49%~19.40%，平均值为 14.94%；Mg/Ca 比值介于 0.32~0.92，平均值为 0.67；鲕粒白云岩具有和泥晶白云岩相似的特征(CaO 含量平均值为 33.48%，MgO 含量平均值为 12.88%；Mg/Ca 比值的平均值为 0.54)；相较于泥晶白云岩和鲕粒白云岩，粉晶白云岩具有 CaO 含量更低(平均值为 30.26%)和 MgO 含量更高(平均值为 16.53%)的特征，Mg/Ca 比值更高，变化范围小，为 0.47~0.96，平均值为 0.78。粉晶白云岩较高的镁含量和 Mg/Ca 比值说明其可能经历了更彻底的白云石化作用，受到了一定的埋藏作用影响，这与 X 射线衍射(XRD)有序度分析结果也较为一致。通过 CaO、MgO 含量交会图(图 4.3)可以看出，研究区白云岩 MgO 和 CaO 含量均位于理想白云石值之下，说明研究区内白云石化程度并不是特别高。

2. Fe、Mn 元素特征

白云岩微量元素中的 Mn 和 Fe 属于变价元素，其地球化学特征随环境会有显著变化，因而 Mn 和 Fe 的含量在一定程度上可为白云岩成因提供启示(Li et al.，2020)。当 Mn 含量为 300×10^{-6}、Fe 含量小于 3000×10^{-6}，且 Mn/Sr 比值小于 0.6 时，可认为碳酸盐岩保存了原始沉积环境的地球化学特征(Denison et al.，1994)，研究区泥晶灰岩 Fe 含量为 $224\times10^{-6}\sim455\times10^{-6}$，平均值为 336.5×10^{-6}；Mn 含量分布在 $16.4\times10^{-6}\sim18.6\times10^{-6}$，平均值为 17.49×10^{-6}，表明泥晶灰岩样品没有受到明显的成岩改造，可代表原始海水的元素特征。泥晶白云岩 Fe 含量为 $224\times10^{-6}\sim455\times10^{-6}$，平均值为 312.2×10^{-6}；Mn 含量为 $28.69\times10^{-6}\sim36.56\times10^{-6}$，平均值为 32.82×10^{-6}；粉晶白云岩 Fe、Mn 含量极低，Fe 含量为 $35\times10^{-6}\sim532\times10^{-6}$，平均值为 210.61×10^{-6}；Mn 元素含量为 $16.56\times10^{-6}\sim27.59\times10^{-6}$，平均值为 21.03×10^{-6}。鲕粒白云岩 Fe 含量为 $84\times10^{-6}\sim266\times10^{-6}$，平均值为 162.4×10^{-6}；Mn 元素含量为 $17.03\times10^{-6}\sim31.52\times10^{-6}$，平均值为 21.88×10^{-6}。Fe、Mn 在海水中浓度低，但在地层水中浓度很高，前人研究表明，白云岩中高 Fe、Mn 含量意味着埋藏成因(李国蓉等，2020)。但在研究区，从粉晶白云岩、鲕粒白云岩到泥晶白云岩，Fe 含量是逐渐增加的，可能是因为在台缘鲕坝的障壁作用下，泥晶白云岩发育于局限潟湖环境中，海水循环不畅，还原强度大，咸化海水中有高的 Fe 含量，其中沉淀的泥晶白云岩也就具有相对较高的 Fe 含量；而粉晶白云岩 Fe 含量较低，可能是由于川东北地区飞仙关组具有高含硫特征(朱光有等，2004；谢增业等，2008)，地层水中 H_2S 浓度很高，易于形成 FeS_2 沉淀，因而白云石中 Fe 含量低，表明其可能受埋藏作用影响，且体系相对较封闭。

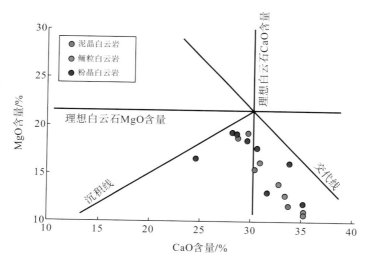

图 4.3　川东北飞仙关组共生体系下不同白云岩 MgO 和 CaO 含量相关性图(据李亮，2023)

3. Na 元素特征

Na 是判断流体盐度和环境的重要元素，在 Na_2O-Sr 含量交会图(图 4.4)上，膏岩具有最高的 Sr 含量和 Na$_2$O 含量，表明其蒸发沉积成因，泥晶白云岩的 Na$_2$O 含量为 $610 \times 10^{-6} \sim 850 \times 10^{-6}$，明显偏高；粉晶白云岩的 Na$_2$O 含量为 $470 \times 10^{-6} \sim 570 \times 10^{-6}$；而鲕粒白云岩的 Na$_2$O 含量较低，介于 $330 \times 10^{-6} \sim 420 \times 10^{-6}$。整体而言，不同岩性都具有较高含量的 Na$_2$O，泥晶灰岩 Na$_2$O 含量相对最低（$245 \times 10^{-6}$），代表正常海水沉积时水体的盐度；前人研究表明 Na$_2$O 含量为 $500 \times 10^{-6} \sim 1700 \times 10^{-6}$ 时的白云岩可能形成于蒸发性海水环境（Huo et al.，2020），泥晶白云岩 Na$_2$O 含量相对其他白云岩较高，表明其形成时的水体为盐度较高的蒸发海水；鲕粒白云岩最低的 Na$_2$O 含量表明其可能受到了大气淡水的混合影响；粉晶白云岩的 Na$_2$O 含量介于前两者之间，表明其白云石化流体可能是埋藏时期禁锢的蒸发海水。

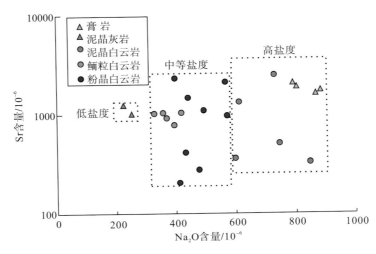

图 4.4   川东北飞仙关组共生体系下不同白云岩 Sr 和 Na$_2$O 含量相关性图（据李亮，2023）

4. Sr 元素特征

本书中泥晶灰岩 Sr 含量较高，分布在 $1010 \times 10^{-6} \sim 1229 \times 10^{-6}$，平均值为 1120×10^{-6}，泥晶白云岩平均值为 1017×10^{-6}；粉晶白云岩平均值为 1120×10^{-6}；鲕粒白云岩平均值为 975×10^{-6}。在各类白云岩中，准同生期泥晶白云岩的 Sr 含量很高，可能与其形成环境有关，三叠纪早期全球处于以沉积文石为主的富 Sr 海相状态，蒸发环境下形成的白云石通常具有较高的 Sr 含量（Bein and Land，1983；黄思静等，2006）。从白云岩的 Sr 含量与 MgO、CaO 含量的交会图来看，Sr 含量与 MgO 含量呈负相关［图 4.5（A）］，与 CaO 含量呈正相关［图 4.5（B）］。台缘鲕粒白云岩 Sr 和 Na 含量很低，表明受到大气淡水影响，而 Fe$_2$O$_3$ 含量也低，表明其形成环境为氧化环境，因此台缘鲕粒白云岩为渗透回流白云石化成因模式，并可能受到大气淡水影响；泥晶白云石 Sr、Na 含量较高，与其形成环境有关，表明白云石形成于咸化还原环境，即泥晶白云石的形成与潟湖的蒸发作用有关。

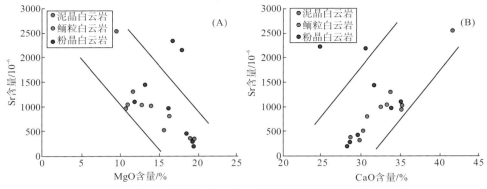

图 4.5　研究区飞仙关组白云岩元素含量交会图(据李亮，2023)

4.2.2　稀土元素特征

　　研究区三种类别白云岩的稀土元素总含量(∑REE)均较低，分布在 1.07×10^{-6}～6.24×10^{-6}，其中泥晶白云岩的稀土元素总含量最高(平均值为 4.13×10^{-6})，而鲕粒白云岩和粉晶白云岩相对较低(平均值分别为 2.12×10^{-6} 和 2.86×10^{-6})，这可能是因为随着白云石化程度加深，稀土元素越贫化(胡忠贵等，2009)，也表明粉晶白云岩和鲕粒白云岩形成时期更晚。

　　目前，学者在进行稀土元素数据标准化处理时，常常使用澳大利亚太古代页岩(PPAS)、北美页岩(NASC)以及球粒陨石(CI)等标准(Huo et al.，2020；蒋华川等，2023)。但是对于海相碳酸盐岩而言，大多海相碳酸盐岩都是在海水或海水源衍生流体中形成的，与页岩和球粒陨石没有内在联系，通过这些标准对海相碳酸盐岩进行标准化似乎并不合适(Wang et al.，2014)，因此本书认为使用 Kawabe 等(1998)提出的太平洋表层海水的稀土元素成分作为标准化参考更合理(Xiang et al.，2020；蒋华川等，2023)，标准化后元素以下标"SN"表示。Ce 元素和 Eu 元素异常通用于判断成岩环境氧化性和还原性。此外，根据海水、大气淡水和热液流体的稀土元素配分模式以及 La 异常、Ce 负异常、Gd 正异常、Y 正异常和 Y/Ho 比值，可以判定白云岩成岩流体的来源及成岩后受到的影响(Mills and Elderfield，1995；Webb and Kamber，2000)。Ce 异常(Ce/Ce*)、Eu 异常(Eu/Eu*)和 Pr 异常(Pr/Pr*)计算分别用以下公式计算(Bau and Dulski，1996；Shields and Stille，2001)：$Ce/Ce^*=Ce_{SN}/(0.5La_{SN}+0.5Pr_{SN})$，$Eu/Eu^*=Eu_{SN}/(0.5Sm_{SN}+0.5Gd_{SN})$ 和 $Pr/Pr^*=Pr_{SN}/(0.5Ce_{SN}+0.5Nd_{SN})$。

　　稀土元素配分模式常用于约束或恢复白云石化流体信息(Qing and Mountjoy，1994；Banerjee et al.，2019)。自然界中不同来源的流体具有各自不同的稀土元素配分模式，稀土元素的丰度和配分模式能够指示碳酸盐岩的成岩流体、物质来源和形成环境(江文剑等，2016)。因此，在解释碳酸盐岩稀土元素配分模式时，常通过引入海水的配分模式进行对比以分析成岩流体与海水之间的关联。泥晶灰岩未经历明显的成岩作用改造，可较好地保存原始海水的信息，因此其稀土元素配分模式可代表同时期海水的配分模式，膏岩的稀土元素配分模式则可以代表蒸发环境下高浓度流体的配分模式，海水衍生流体蚀变产生的白云岩将继承原始石灰岩的 REE 特征(Qing and Mountjoy，1994)。

海水中 Ce^{4+} 流动性较差，容易吸附到矿物颗粒中，因此在 NASC 或 PAAS 标准化后表现为 Ce 负异常，为典型的海水 REE 配分模式(Wang et al.，2014)。然而，本书中所用到的碳酸盐岩经海水标准化后稀土元素配分模式与之相反，为明显 Ce 正异常，这是因为当碳酸盐岩从海水中沉淀时，相较于相邻元素 La 和 Pr，Ce 更易富集于碳酸盐岩矿物中而表现出 Ce 正异常(Xiang et al.，2020)。研究区飞仙关组三类白云岩的稀土元素配分模式都与泥晶灰岩和膏岩相似，具有强烈的轻稀土元素(LREE)富集(平均 Nd_{SN}/Yb_{SN}=3.18)，重稀土元素亏损，以及 Ce_{SN} 的正异常(平均为 6.22，$Pr/Pr^*<1$)和右倾的特征，通过 $Pr/Pr^*<1$ 判断 Ce 异常为正异常，而非 La 负异常的结果(图 4.6)，表明白云岩、膏岩与泥晶灰岩具有相同的流体来源，白云石化流体来源于同期海源流体(图 4.6)。同时，相似的稀土元素配分模式也说明白云岩较好地继承了前驱灰岩的流体特征，指示白云石化过程几乎未受其他非海相流体的影响，反映相对封闭的成岩系统。

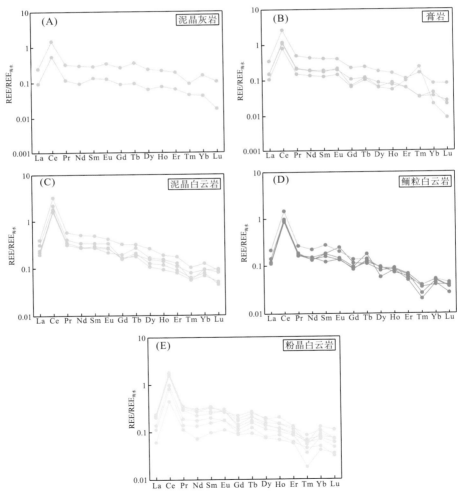

图 4.6　川东北飞仙关组共生体系各岩类稀土元素配分模式图(据李亮，2023)

注：REE_{海水}表示现代海水的 REE 含量。

　　此外，稀土元素中 Ce 对氧化还原条件十分敏感，可记录海洋环境中的氧化程度 (Bau and Dulski，1996；Frimmel，2009)。研究区由鲕粒白云岩、泥晶白云岩至粉晶白云岩具有 Ce/Ce* 值降低的特征(泥晶白云岩的 Ce/Ce* 值为 5.82~6.58，平均值为 6.29；鲕粒白云岩为 6.14~6.61，平均值为 6.37，粉晶白云岩为 5.18~6.31，平均值为 6.08) [图 4.7(A)]，指示鲕粒白云岩是在氧化程度相对较高的环境形成的，粉晶白云岩和泥晶白云岩的形成环境氧化程度较低，并且粉晶白云岩比泥晶白云岩氧化程度更低。研究区白云岩 U 含量变化也证实了这一结论[图 4.7(B)]，氧化环境中 U 离子呈可溶的高氧化态 (U^{6+})，不易进入碳酸盐岩中(韦恒叶，2012)。因此，较低的 U 含量指示着氧化程度相对较高的环境，而较高的 U 含量指示还原程度相对较高的环境。研究区中由泥晶白云岩至粉晶白云岩的 U 含量逐渐升高[图 4.7(B)]，表明了其形成环境还原程度增强，同时也符合由泥晶白云岩至粉晶白云岩成岩环境逐渐埋深的趋势。

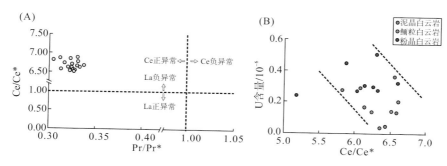

图 4.7　川东北飞仙关组碳酸盐岩 Pr/Pr* 与 Ce/Ce*(A)和 U 含量与 Ce/Ce*(B)相关性图(李亮，2023)

4.3　同位素地球化学特征

4.3.1　碳氧同位素特征

　　早三叠世海水的碳氧同位素组成是近年来全球研究的热点之一(Korte and Kozur，2010)，稳定 C-O 同位素组成是确定白云岩成因的一个重要地球化学标志，白云岩的碳氧同位素组成与白云石化时的流体介质的碳氧同位素组成有较大关联，且受成岩作用过程中流体温度和盐度控制(Veizer and Hoefs，1976)，盐度越高，值越大。因而碳氧同位素组成差异及其分馏效应可用于指示成岩环境、成岩作用强度、成岩流体来源及反应温度、流体盐度等(Allan and Wiggins，1993；Ettayfi et al.，2012；Geske et al.，2012)。温度降低和蒸发作用会导致白云岩 $\delta^{18}O$ 值偏正(Allan and Wiggins，1993)，蒸发海水相较于正常海水有较大的 $\delta^{18}O$，由其交代灰岩形成的白云岩也就具有相对偏大的 $\delta^{18}O$ 值。而温度对碳同位素影响较小，因此，碳同位素能较好地指示流体性质，$\delta^{13}C$ 会受到甲烷生成影响而偏正，有机物质氧化会使 $\delta^{13}C$ 偏负。在三叠纪，白云岩分布于北纬 16°~18° 的热带地区，这些地区一般以干燥和高温气候为主(Stefani et al., 2010), 飞仙关组共生体系的发育通常与高盐度(蒸发条件)有关。

　　本书针对川东北飞仙关组共生体系中的白云岩、灰岩展开了碳氧同位素研究(图 4.8)。飞仙关组泥晶灰岩 $\delta^{18}O_{PDB}$ 值平均为-4.899‰, $\delta^{13}C_{PDB}$ 值平均为 3.245‰；泥晶白云岩具有相对较负的 $\delta^{18}O_{PDB}$ 值和相对较高的 $\delta^{13}C_{PDB}$ 值, $\delta^{18}O_{PDB}$ 值平均为-3.04‰, $\delta^{13}C_{PDB}$ 值平均为 0.674‰；粉晶白云岩有 $\delta^{18}O_{PDB}$ 值负偏和 $\delta^{13}C_{PDB}$ 值较低的特征, $\delta^{18}O_{PDB}$ 值平均为-3.057‰, $\delta^{13}C_{PDB}$ 值平均为 0.375‰；鲕粒白云岩 $\delta^{18}O_{PDB}$ 值平均为-4.770‰, $\delta^{13}C_{PDB}$ 值平均为 1.231‰, 一定程度上受到了大气淡水和产甲烷作用的影响；总体上, 与飞仙关组未蚀变海水胶结物的氧同位素进行比较可知, 白云岩的同位素值几乎全部落在未蚀变海水胶结物的氧同位素值(-7.5‰～-2.5‰)的范围内, 表明为低温成因。研究区白云岩与灰岩的 $\delta^{13}C_{PDB}$ 值组成整体都与同期海水的碳同位素组成接近, 均在早三叠世海水的碳同位素组成范围内($\delta^{13}C_{PDB}$=-1‰～3‰；Korte and Kozur, 2005), 表明它们的白云石化流体为准同生期海水, 也恰与海水成岩环境 $\delta^{13}C$ 为接近于零的正值、$\delta^{18}O$ 为低负值这一特征相符。同时, 这些白云岩与同期海水之间的碳同位素组成差值相对较小(均在±1‰以内), 因而认为飞仙关组白云岩在形成及演化过程中主要继承了海源流体中的碳, 在白云石化过程中碳的来源主要由同期(近同期)海水和碳酸盐溶解所提供。

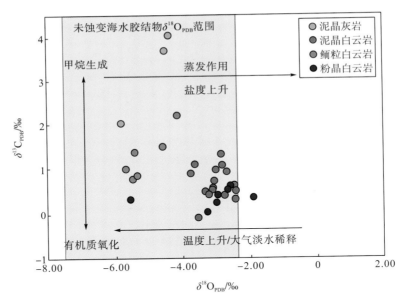

图 4.8　川东北地区下三叠统飞仙关组共生体系碳、氧同位素关系图(李亮, 2023)

　　泥晶白云岩氧同位素比值偏正, 可能与蒸发台地内的蒸发作用有关, 潟湖中大量厚层石膏的产生, 是蒸发作用强烈的标志。因此, 蒸发台地内泥晶白云石的形成可能与蒸发作用有关。根据 Keith 和 Webber(1964) 的盐度指数计算公式：z(盐度指数)=2.048×($\delta^{13}C$+50)+0.498×($\delta^{18}O$+50), 计算出共生体系白云岩的盐度指数整体较大, 均高于 120, 其中泥晶白云岩的 z 值高, 平均为 127.4；而粉晶白云岩的盐度指数略低, 平均为 122.9, 表明泥晶白云岩形成时的流体具有更高的盐度, 而粉晶白云岩的成岩流体可能为盐度较低的蒸发卤水，且可能受大气淡水影响，这也得到了岩石学与主微量元素分析的支撑。

4.3.2　锶同位素特征

Sr 有 4 种稳定同位素（^{84}Sr、^{86}Sr、^{87}Sr 和 ^{88}Sr），一般用 $^{87}Sr/^{86}Sr$ 比值来表示锶同位素组成（^{87}Sr 与古老地壳中的铷有关，^{86}Sr 为非放射性）（姚泾利等，2009），碳酸盐岩在文石—方解石—白云石的转化过程中，总体上 Sr 的含量会随着流体介质盐度的下降而降低（Davies and Smith，2006）。目前普遍认为 ^{87}Sr 来源于地壳的风化，由大气淡水带入，而 ^{86}Sr 来源于幔源物质，反映了原始海水的状态，且锶同位素不因温度、压力和微生物作用而分馏，引起比值变化的主要原因是不同来源 Sr 的混合（黄思静等，2008）。前人研究表明，地质历史中海水的 $^{87}Sr/^{86}Sr$ 比值与时间有关，任一时期全球范围内海水中的锶同位素组成上是均一的，即某一地质时期的比值变化不大，因而其比值的变化可指示碳酸盐岩成岩过程的特征（Veizer et al.，1999；Buschkuehle and Machel，2002）。

因此，可以根据前人已经建立的显生宙全球海水不同时期的 $^{87}Sr/^{86}Sr$ 比值（黄思静等，2010）来类比研究区锶同位素比值，从而探讨成岩过程白云石化作用流体的特征与来源。

本书所测试的飞仙关组白云岩的 $^{87}Sr/^{86}Sr$ 比值为 0.707129～0.70797，平均值为 0.707374，与黄思静等（2008）报道的四川盆地飞仙关组沉积时期海水的 $^{87}Sr/^{86}Sr$ 比值范围（0.707085～0.707711）以及全球飞仙关组沉积时期海水的 $^{87}Sr/^{86}Sr$ 比值范围基本一致（Korte et al.，2003）（图 4.9），综合前面已经提及的 Mn 含量、Sr 含量、$\delta^{13}C$ 值等地球化学分析数据可知，川东北飞仙关组共生体系下白云岩具有显著低的 Mn 含量、与同期海水相近的 $\delta^{13}C$ 值特征，显示其白云石化流体都具有显著的海水特征，海水或海源流体是主要的白云石化流体。

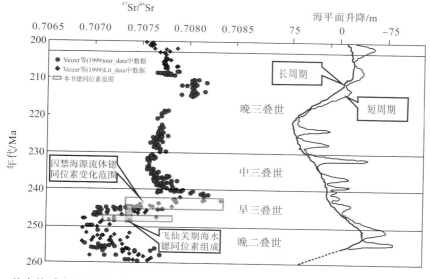

图 4.9　共生体系白云岩锶同位素与全球海水锶同位素变化曲线对比（据黄思静等，2006 修改）

4.3.3　硫同位素特征

S 有 4 种稳定同位素(^{32}S、^{33}S、^{34}S、^{36}S)，硫在水体中主要以硫酸盐形式存在，在共生体系的沉积过程中，海水中硫元素可通过以下两种方式进入地质储库(图 4.10)：①微生物的还原作用将硫酸盐还原为 H_2S，H_2S 与 Fe 离子等金属离子反应形成硫化物(主要为 FeS_2)(Jørgensen，1982；Canfield，1991；Lin and Morse，1991)；②在蒸发过程中以(硬)石膏的形式沉淀下来，并且在碳酸盐岩结晶过程中，海水中的 SO_4^{2-} 可以取代 CO_3^{2-} 进入碳酸盐岩晶格之中，成为碳酸盐岩晶格硫(carbonate-associated sulfate，CAS)，并随着碳酸盐岩共同沉淀下来，但该过程硫酸盐的输出量极小(Strauss，1999)。而影响硫同位素值差异的因素有岩性、构造活动、古气候、缺氧状态下微生物硫酸盐还原(microbial sulfate reduction，MSR)作用，淡水淋滤混合影响等(Canfield et al.，1986；Habicht and Canfield，1997)。

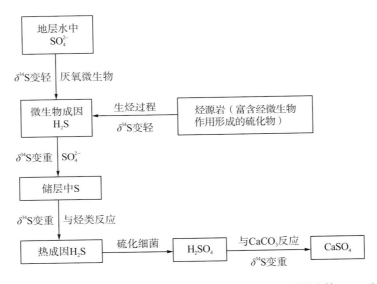

图 4.10　不同硫化物形成过程中硫同位素演化示意图(谢增业等，2008)

目前，运用碳酸盐岩晶格硫同位素来分析硫循环的研究方法已经趋于成熟(汪建国等，2009)。共生体系中硫酸盐矿物沉淀时仅发生微弱的硫同位素分馏，且从石膏向硬石膏转变的过程中硫同位素不发生分馏，因此，矿物沉淀时流体的硫同位素可通过硫酸盐矿物(如黄铁矿和硬石膏)硫同位素来反映(李丹丹，2017)。白云岩中晶格硫同位素可反映白云石化流体的硫同位素特征(Paytan et al.，1998；Kampschulte and Strauss，2004；Bottrell and Newton，2006)。

通过前文对研究区共生体系时空分布特征的分析，川东北飞仙关组地层中硬石膏主要分布在金珠坪、渡口河一带的 ssq2、ssq3 层序中，其中硫存在多种赋存形式(层状硬石膏、脉体硬石膏、白云石伴生硬石膏晶体、硫磺、黄铁矿等），且多与白云岩伴生，因而可作为共生体系中硫循环研究的良好对象。硫同位素的分布具有较强的规律性，不同地质时代的海相硫酸盐的硫同位素差异明显，但同一地质时代海相石膏的硫同位素相近。根据 Claypool 等(1980)建立的显生宙蒸发岩与海水硫同位素比值变化曲线可知，在二叠纪—三叠纪时期存在一次全球范围的硫同位素比值下降(Kaiho et al.，2001；Newton et al.，2004；Riccardi et al.，2006)，这一特征也在朱光有等(2006)针对四川盆地三叠系硫同位素特征建立的符合四川盆地的硫同位素比值变化曲线中得到良好的响应[图 4.11(A)和(B)]。川东北地区飞仙关组共生体系具有高含 H_2S 特征，含量一般分布在 9%～17%，目前普遍认为是硫酸盐热化学还原(TSR)作用导致的。前人对研究区硫同位素开展了大量研究，H_2S $\delta^{34}S$ 值分布范围为 10.3‰～13.7‰，地层中硬石膏 $\delta^{34}S$ 值分布范围为 11‰～26.1‰，裂缝中硫磺 $\delta^{34}S$ 值分布范围为 4.8‰～5.6‰，可见，$\delta^{34}S$ 值由硫磺、H_2S 到硬石膏呈现逐渐变重的趋势(谢增业等，2008；朱光有等，2006)。

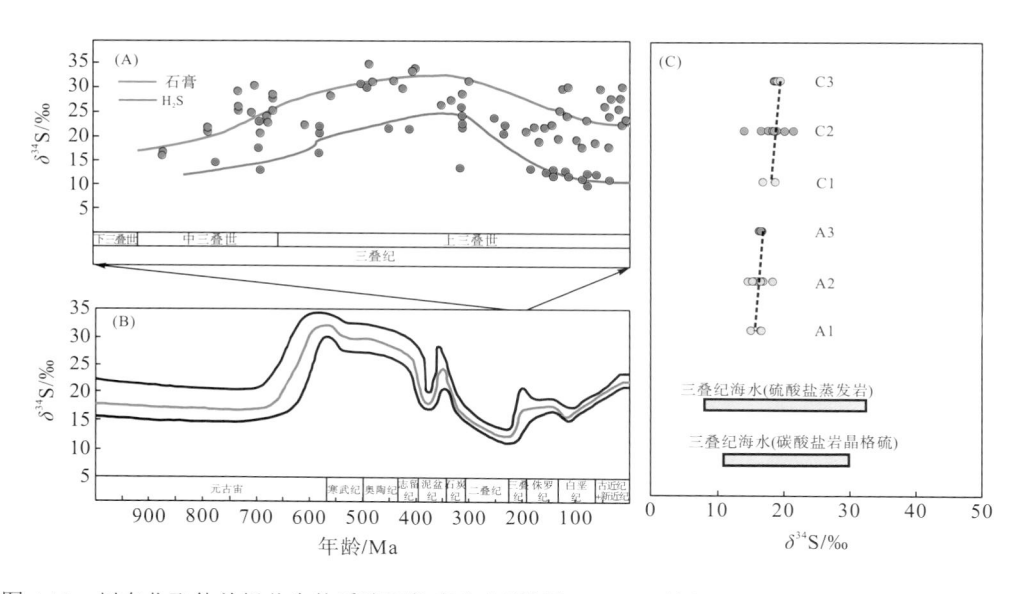

图 4.11　川东北飞仙关组共生体系硫同位素分布图[据 Claypool 等(1980)，朱光有等(2006)修改]

　　本书选取共生体系中泥晶膏质白云岩韵律旋回段中代表原始沉积的层状硬石膏(A1)、白云石化过程中与泥晶白云石伴生的硬石膏晶体(A2)以及充填缝洞中代表后期高浓度卤水的硬石膏(A3)进行蒸发岩硫同位素分析，对于碳酸盐岩晶格硫(CAS)同位素，选取可代表海水硫同位素特征的未与硬石膏伴生的泥晶灰岩 CAS(C1)、膏质泥晶白云岩中的 CAS(C2)、膏质粉晶白云岩中的 CAS(C3)进行分析。

　　结果表明，各类型硫同位素值分布范围值比较窄，但仍有差异：层状硬石膏(A1)$\delta^{34}S$ 值为 15.054‰～16.555‰，平均值为 16.270‰；白云岩中伴生的硬石膏晶体(A2)$\delta^{34}S$ 值为 14.595‰～18.271‰，平均值为 16.270‰；缝洞中充填的硬石膏(A3)$\delta^{34}S$ 值为 16.250‰～16.539‰，平均值为 16.410‰；未与硬石膏伴生的泥晶灰岩 CAS(C1)$\delta^{34}S$ 值变化范围较大，为 16.822‰～18.673‰，平均值为 17.747‰；膏质泥晶白云岩中的 CAS(C2)δ^{34}S 值为 13.978‰～21.383‰，平均值为 17.919‰，其中有一异常低值(13.978‰)；膏质粉晶白云岩中的 CAS(C3)δ^{34}S 值为 18.346‰～19.429‰，平均值为 18.877‰。

上述结果表明，川东北飞仙关组白云岩-蒸发岩共生体系中各组分硫同位素比值普遍偏低，但都介于三叠纪全球海水 δ^{34}S 值范围内[图 4.11(C)]。这可能与二叠纪—三叠纪之交海水环境中硫酸盐还原菌暴发引起的高温、缺氧、海水硫酸盐含量较低的极端海洋环境有关。从图 4.11 中可以看出，A1、A2 到 A3 的 δ^{34}S 值相差不大，说明在成岩过程中 δ^{34}S 值分馏较弱。从 C1、C2 到 C3，硫同位素值逐渐升高，且都高于代表同期海水的层状石膏硫同位素比值，这可能与当时的逐渐封闭缺氧的沉积环境有关，白云石化流体具有较高 δ^{34}S 值。前文通过对岩石学(阴极发光、有序度)、元素地球化学(Fe、Mn、U、δCe)等指标的分析结果表明，C3 形成于相对封闭的埋藏环境中，因此，此时小规模的硫循环也就发生在封闭体系中，硫酸根离子还原成 H_2S 的过程中，^{34}S 更容易与 H^+ 结合，^{34}S—O 比 ^{32}S—O 稳定性更高(Harrison and Thode，1957)，因此，拥有高含量 H_2S(9%～17%)的飞仙关组共生体系中的 CAS(C3)具有较高的 δ^{34}S 值，反映当时白云石化流体为同时期的硬石膏与烃类反应形成 H_2S 再分部形成的流体，具有较高的 δ^{34}S 值。这也得到了缝洞中充填的硬石膏(A3)具有相较于 A1、A2 更高的硫同位素比值证实，表明埋藏时期白云石化流体具有较高的硫同位素比值。此外，与同时期海水硫同位素比值相比，海退时硫同位素比值较低，表明硫酸盐矿物可能受到大气淡水淋滤作用的影响(赵海彤等，2018)。

第5章 川东北飞仙关组共生体系白云岩成因与耦合机制

5.1 飞仙关组共生体系白云岩成因

5.1.1 飞仙关组共生体系白云石化流体来源

对于交代成因白云岩而言，白云石化流体和前驱物是必不可少的两个条件，在白云石化过程中，流体蕴含了丰富的信息，其成分特征记录了白云石化过程，通过解读白云石化流体所蕴含的信息可以识别流体来源以及白云石化作用机制，进而判断不同白云岩成因模式，是研究白云岩成因的重要手段（Warren，2000；Wang et al.，2015；Liu et al.，2016；Banerjee et al.，2019）。通过上述岩石学分析以及碳酸盐岩地球化学解析，可初步判断海水以及海水派生的流体是研究区白云石化流体的主要来源。研究区下三叠统飞仙关组共生体系白云石化流体主要为两种类型：蒸发海水和地层水。

1. 较高盐度蒸发海水[泥晶白云岩（D1）]

海水是现今碳酸盐岩沉积物起源的主要场所，当局限环境中海水的蒸发量大于补给量时，流体盐度上升，形成中等盐度卤水和高盐度卤水等白云石化所需的流体（Tucker and Wright，1990；Qing and Mountjoy，1994；Flügel，2010）。

本书通过岩石学、地球化学研究，认为飞仙关组 D1 主要形成于（准）同生期局限-蒸发台地环境，是海水蒸发-浓缩、白云石化的产物，白云石化流体主要为较高盐度的蒸发卤水，主要的证据如下。

岩石学特征显示，D1 晶体细小，结构致密，局部可见膏模孔，硬石膏晶体与白云石伴生现象常见，岩心断面上可见硬石膏晶体零散分布以及硬石膏斑块，阴极发光暗淡[图 3.9（B）]，说明其可能形成于咸化海水等 Mn^{2+}/Fe^{2+} 比值较低的高盐度地表流体中（Gregg and Sibley，1984；Warren，2000；Machel，2004；Pierson，2006；黄思静，2010）。

结合沉积背景来看，D1 普遍发育于潮坪序列顶部，常见潮间-潮上环境中特有的韵律层理等沉积构造和鲜艳氧化色，飞仙关组沉积期，在海退背景下，向上变浅的沉积序列可引起鲕滩叠置迁移，导致其后的金珠坪一带局部海域阻隔受限，在台缘滩的障壁作用下，其后为受局限的沉积环境（图 3.21），从而具备了（准）同生期蒸发-浓缩和回流渗透白云石化的古环境基础（文雯等，2023）。

地球化学结论进一步证实了上述推测，高 Sr、Na 含量以及低 Mn 含量，指示白云石化流体为高盐度蒸发海水，可能为同期强蒸发浓缩形成的高 Mg/Ca 比值海水，这种强蒸发高盐度海水可克服白云石化动力屏障交代灰质前驱物形成白云石(赫云兰等，2010；梅冥相，2012；杨冰等，2014)，同时该过程中海水流体周期性振荡对于白云石化作用具有驱动效应，并以低温为近地表条件促进白云石化作用(Whitaker and Xiao，2010)。碳氧同位素组成分析显示 D1 较同期海水碳氧同位素组成轻微正偏移，指示白云岩形成于具蒸发背景的局限水体当中(图 5.1)(Veizer et al.，1999)。从锶同位素构成来看，D1 的 $^{87}Sr/^{86}Sr$ 比值的范围和同期海水范围相当，表明为同期海水。与其他两类白云岩相比，D1 具有较高的 $\sum$REE 值、较低的有序度(平均值为 0.79)，表明是在富 Mg 的蒸发海水中与灰质前驱物快速交代而成，相对较低的 Mg/Ca 比值也表明白云石化程度较低。与泥晶灰岩相似的稀土元素配分模式说明 D1 继承了同时期灰岩的流体地球化学特征，指示其流体主要来自海水。同时，较高的 Ce/Ce* 比值(平均值为 6.29)和较低的 U 含量(平均值为 0.23×10^{-6})，指示其形成于相对开放的环境之中(蒋华川等，2023)。

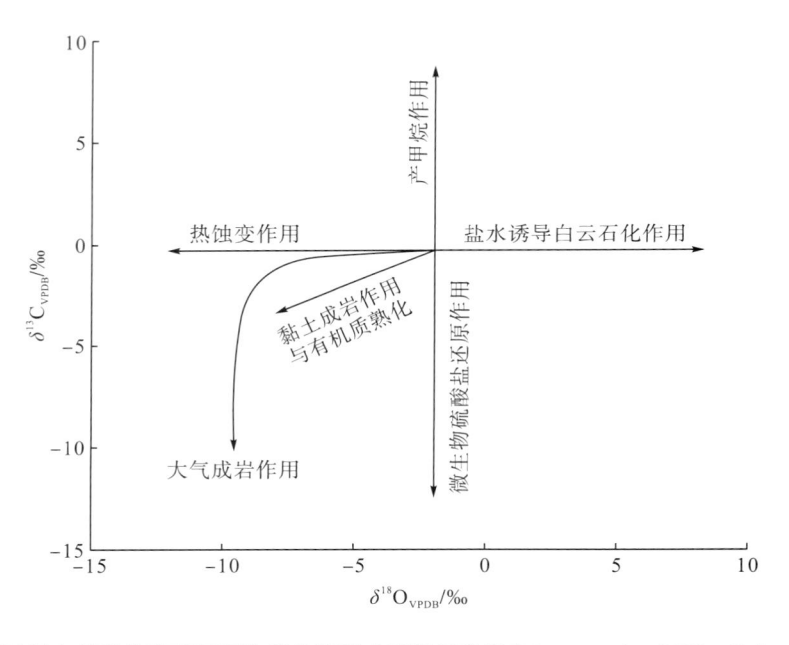

图 5.1　成岩过程中碳酸盐岩碳氧同位素分馏影响因素示意图(Moore et al.，2013；Reis et al.，2019)

综上所述，推测研究区飞仙关组 D1 主要形成于(准)同生期近地表蒸发的海水环境，由潮上蒸发-浓缩作用形成的高 Mg/Ca 比值蒸发海水促发的白云石化作用。

2. 中等盐度蒸发海水[鲕粒白云岩(D2)]

碳、氧、锶同位素和其他地球化学特征分析结果表明，区别于 D1 的高盐度白云石化流体，台地边缘相 D2 微量元素 Mn、Fe、Na、Sr 含量明显低于蒸发台地相的 D1，且氧同位素也较为负偏，说明前者在成岩过程中曾受到大气淡水的影响，为中盐度海水来源。近地表环境下，台缘鲕滩时常暴露在海平面之上，碳酸盐沉积物孔隙水通常处于氧化状态，氧化作用强烈，Fe 和 Mn 的价态高，进入白云石晶格较为困难，这种环境中形成的(残余)鲕粒白云岩，具有较低的 Fe 和 Mn 含量，这与阴极发光为暗红光特征一致〔图 3.9(D)〕。

碳氧同位素显示其来源于低温流体；$^{87}Sr/^{86}Sr$ 比值落在早三叠世海水锶同位素比值分布范围，分析认为可能和开放环境大气淡水在一定程度上参与有关。

在开放体系下，沿白云石化流体的流动方向，沉积物的白云石化过程中 Fe、Mn、Sr 含量是逐渐降低的(黄思静等，2008)。飞仙关组台地内 D1-D2 沉积旋回中，Fe、Mn 含量是逐渐降低的，表明白云石化流体运动方向是由台地内向台地边缘，因此，台地边缘 D2 的形成与回流渗透白云石化作用有关。

综合分析认为，飞仙关组 D2 的白云石化流体很可能是同期或近同期海水(海源)流体，并一定程度上受到了大气淡水的影响。

3. 地层水〔粉晶白云岩(D3)〕

地层水是指大气淡水和残余海水被埋藏在沉积物中，随着埋深的程度以及温度和压力不断地发生变化，经历复杂水-岩反应而形成成分复杂的盆地卤水(尚培，2019)。通过岩心、薄片观察及地球化学研究，认为川东北地区下三叠统飞仙关组共生体系 D3 在进入埋藏阶段以后是一个相对封闭的体系，未受到大规模外来流体的影响，断裂活动伴生的主要流体性质仍然以层内衍生卤水为主，证据如下。

(1)D3 一般发育于 D1、D2 下方，晶体较 D1 稍大，呈半自形-自形晶，阴极发光下，粉晶白云岩为暗红光，相比 D1 发光性稍强，表明 D3 的形成埋深比 D2 更大，这与在其中见到的缝合线现象相吻合(缝合线的形成埋深通常大于 600m)。岩心上裂缝局部发育，裂缝中的主要充填物包括晶簇状方解石、硬石膏与硫磺，认为是由孔隙中囚禁海水的再分布形成的。

(2)Mg 与 Ca 负相关表明为交代成因，具有较高的有序度与 Mg/Ca 比值，表明白云石化过程缓慢；D3 的 Sr 含量较高，封闭系统中白云石化的结果主要是流体中 Sr 含量的显著增加并形成高 Sr 成岩矿物，这与开放系统中的白云石化作用造成 Sr 的流失明显不同。$^{87}Sr/^{86}Sr$ 比值与同期海水值相当，表明白云石化流体为孔隙中封存的残余海水。

海水标准化后 D3 的稀土元素配分模式与其他两类白云岩及泥晶灰岩相似，表明该类白云石化流体来源于海水或海水衍生流体。同时 D3 较低的 ΣREE 值(平均值为 2.86×10^{-6})特征指示其经历了更充分的白云石化作用，这点在有序度上(平均值为 0.85)也得到了体现。此外，与 D2 相比，D3 的 Ce/Ce^* 比值更低(平均值为 6.08)以及 U 含量更高(平均值为 0.34×10^{-6})，表明其形成的环境氧化程度较低并且相对封闭，与上述岩石学分析结果相吻合。

(3)依据硫同位素分析可得，硬石膏(A1～A3)之间的硫同位素值接近(图 4.11)，证明同位素分馏效应较弱，说明飞仙关组 D3 的形成环境为一个相对封闭的体系，且 D3 具有最高的 $\delta^{34}S$ 值，结合地层中存在高浓度的 H_2S，推测白云石化流体可能为封闭条件下烃类与硫酸盐矿物多次反应后的流体(朱光有等，2004)。

综上所述，D3 是在相对封闭的环境下，由禁锢于地层孔隙中的同期蒸发海水流体交代早期的 D1 形成的。

5.1.2　飞仙关组共生体系白云岩成因模式

本书主要从上述沉积环境(古地貌、古气候、海平面)、岩矿特征、元素地球化学、同位素地球化学等方面对川东北飞仙关组共生体系下白云岩成因机制展开研究，认为研究区共生体系中存在三种白云石化机制：泥晶白云岩(D1)和鲕粒白云岩(D2)分别由同生-准同生期的蒸发-浓缩白云石化作用和渗透-回流白云石化作用形成，在埋藏期形成粉晶白云岩(D3)。

1. 同生期：蒸发-浓缩白云石化

川东北地区开江—梁平海槽东侧隆拗起伏的古地貌造成了研究区沉积水体环境的差异(图 3.24)，台缘滩沿海槽呈 U 形分布(图 3.20)，海退的过程中，在台缘滩的障壁作用下，海域出现封隔、围限，形成相对盐度较高的半局限环境，为共生体系下蒸发白云石化作用创造了不可或缺的场所，叠加上当时持续干旱炎热的气候条件(Sun et al.，2012)，在强蒸发作用下，水体不断蒸发-浓缩，随着石膏沉淀，沉积水体的 Mg/Ca 比值升高，富镁流体交代沉积表层疏松的文石沉积物，风暴作用以及毛细管作用持续不断地补给 Mg，最终形成致密的 D1，共生体系中的 D1 在白云石化过程中常见白云石晶体与石膏晶体镶嵌共生的典型现象[(图 3.15(A)、图 3.8(A)]，孔隙不发育，云膏互层以及膏质白云岩常见。这一时期形成的 D1 在埋藏环境下常处于热力学不稳定状态(Gregg et al.，2015)，极易发生成岩蚀变，因而为后期其他成岩流体叠合蚀变，形成 D3 奠定了基础。

2. 准同生期：渗透-回流白云石化

渗透回流白云石化发育于台地内局限海环境的沉积物中，在缓慢海退过程中，由于可容空间受限，滩体在原有地貌的基础上叠置迁移，这一过程使得海水在海退周期中进一步受限和咸化，形成中等盐度的卤水。飞仙关组沉积时期，海平面下降过程中，鲕滩暴露出海面，可能会受到大气淡水成岩作用改造[图 3.24(B)]，此时鲕滩障壁之后为局限环境，水体循环受限，沉积水体盐度较高，蒸发作用使此处海水密度变大而向台地边缘障壁滩方向回流，引发了台缘鲕滩的白云石化，这可能是飞仙关组滩相白云岩沿台地边缘分布的原因之一(郑荣才等，2009；马永生等，2014)。频繁的相对海平面变化可以造成周期性的白云石化作用，因此白云岩在垂向上呈韵律性多层发育。

在 D1 形成的过程中，台地内海水盐度不断增大，当盐度达到一定程度时，水体中石膏发生沉淀，石膏的沉淀可导致水体中的 Mg^{2+} 富集。当这种富含 Mg^{2+} 的重盐度水体在扩散过程中遇到早期形成的障壁滩以及下伏的灰泥沉积物时，便可发生渗透-回流白云石化，其成因模式如图 5.2(A)所示，该阶段白云石化作用较为彻底。纵向上，Fe、Mn 元素向下逐渐减少，显示白云石化流体的下渗过程。台缘滩常处于台地边缘古地形隆起部位，在滩体沉积物加积作用和海平面升降作用的影响下，这些滩体常暴露于海平面之上，接受大气淡水的影响，因而台缘滩中发育的 D2 同时具备受蒸发海水渗透-回流和大气淡水影响的特征。

随台缘鲕滩向海槽方向迁移，D2 也表现出明显迁移的特征。在共生体系平面分布中，D1 及石膏的分布与 D2 分布具有明显的相关关系，D2 厚度大，同时 D1 及石膏的厚度也大，平面上 D1 及石膏发育厚区总是在 D2 发育厚区的后方，如紫 1 井 D1 与膏质白云岩组合厚，则向海槽方向的罗家 5 井鲕滩储层发育，这主要是由于作为障壁的鲕滩具有明显的沉积正地貌，其后方处于局限的潟湖或潮坪环境所致，二者存在古地貌、气候等多因素控制的伴生关系。

3. 埋藏期：埋藏白云石化作用

埋藏白云石化主要发生于台地边缘早期受渗透-回流白云石化影响的鲕滩沉积物下方的粉晶白云岩(D3)中。

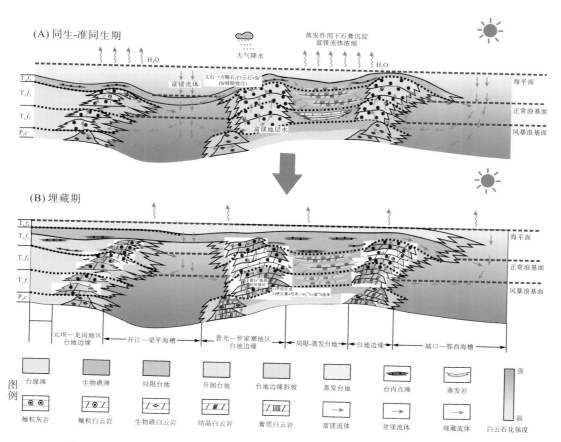

图 5.2　川东北地区飞仙关组共生体系下白云岩成因模式［据 Huo 等，2020 修改］

进入埋藏期[(图 5.2(B)]，强蒸发环境下形成的上覆致密膏岩层为 D3 的发育提供良好的封闭场所，早期形成的 D1 晶核生长变大并且自形程度变高，有序度逐渐变高。随着埋深不断增加，压力和温度持续上升，地层中禁锢的同期海水与围岩发生反应，特别是早期形成的石膏矿物与烃类发生反应，形成 H_2S，在形成 H_2S 的过程中，硫同位素存在轻微的分馏现象，^{32}S 会优先进入 H_2S 之中，因而在埋藏阶段，D3 的白云石化流体与缝洞中形成的硬石膏 A3 具有较高的硫同位素比值，在交代前驱物的过程中发生溶蚀作用并充填硬石膏，形成典型的白云岩与膏岩共生现象。同时，更多的有机碳进入矿物中，使得 $\delta^{13}C_{VPDB}$ 值也相对偏低。因此，在川东北地区，飞仙关组共生体系下埋藏期形成的 D3 中，具有较高的 CAS 硫同位素比值，以及相应的储层具有高含 H_2S 特征。

5.2 飞仙关组共生体系耦合机制

白云岩-蒸发岩共生体系的形成与分布受多因素控制，其形成总是伴随着气候与海平面的变化，气候变化与海平面波动以及在二者共同作用下的沉积环境是其最主要的控制因素。

共生体系的耦合过程本质上是随着沉积条件和环境的演变，不同矿物排列组合叠置的时空演变过程(图 5.3)，在川东北地区，在鲕滩障壁之后的局限环境中，海水循环受限，如 ssq2 时期的金珠坪—高张一带，伴随着当时炎热的气候以及海退的沉积背景，随着海水不断蒸发，当海水盐度增加到 1.5～3 倍时(大于 60‰)，HCO_3^- 被消耗，析出中性的碳酸盐；随着海水持续蒸发，当海水盐度增加至 5～6 倍时，重碳酸盐释放多余的 Ca，石膏或硬石膏开始沉淀，在石膏或硬石膏沉淀的过程中，消耗掉几乎所有的 Ca^{2+}。

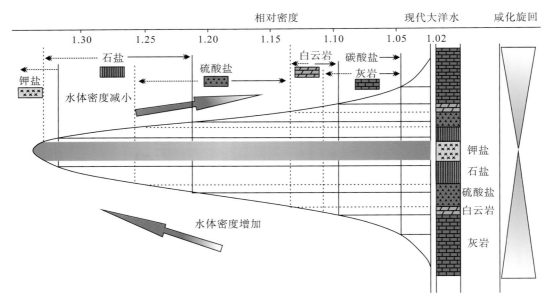

图 5.3 　海水蒸发过程中蒸发岩析出序列(龚大兴，2016)

若进一步蒸发，当海水盐度达到 10～11 倍时（约 350‰），水中剩余的硫酸根与 Mg^{2+} 结合，沉积硫酸镁以及氯化钾。海水盐度达到 60～70 倍时，卤盐开始沉积。因此，共生体系中发育的蒸发岩种类本质上取决于盆地水化学的组成（Warren，2010）。在川东北地区飞仙关组沉积时期，局限海水环境中的盐度稳定维持在 135‰～270‰时，共生体系中发育的蒸发岩以石膏/硬石膏为主。

坡 3 井、朱家 1 井、紫 1 井、鹰 1 井、金珠 1 井等位于局限的潟湖范围内，为共生体系发育提供了良好的沉积环境，主要位于层序 I 下部—底部，石膏层相对较厚。岩性主要为泥晶白云岩、膏质颗粒白云岩，白云石化作用以渗透-回流白云石化为主。随开江—梁平海槽的逐渐萎缩与消亡，川东北地区发育的一套障壁坝-局限海（潟湖潮坪）沉积体系，并随着海退不断向西迁移抬升，造成了目前川东北部地区共生体系在横向上具有稳定性，在纵向上又具有明显迁移性的特征。

第6章 川东北飞仙关组共生体系源-储-盐特征及分布规律

共生体系与油气藏的形成、保存以及勘探开发密切相关，可以组成完整的生-储-盖组合。白云岩-蒸发岩共生现象在全球不同地质时期含油气盆地普遍存在，分布范围广泛的白云岩-蒸发岩共生岩层显示出较好的油气储集性能。从油气藏勘探开发的角度来看，膏盐岩与油气田的形成有着密切关系，一方面膏盐岩有着极低的孔渗性和极强的可塑性等特性，有利于有机质的保存，是良好的盖层岩性(王东旭等，2005；金之钧等，2010)；另一方面膏盐岩与白云岩的形成密切相关(Warren，2000；马永生等，2019)，蒸发环境有利于白云岩形成，发育于膏盐岩之下的碳酸盐岩往往具有更高的白云石化程度，石膏在向硬石膏转化时，会吸收 Ca^{2+} 并释放高盐度的卤水，可提供白云石化作用所需的富镁流体。

在海相油气盆地中，与蒸发岩系相关的盆地达 75%。中国塔里木盆地寒武系、第三系，四川盆地寒武系、三叠系飞仙关组，以及鄂尔多斯盆地奥陶系马家沟组地层均为典型的白云岩-蒸发岩共生体系，同时也是各盆地重要的油气产层。厘清川东北飞仙关组共生体系源-储-盐的形成演化机制、分布规律及其对油气藏的控制作用，对研究共生体系油气藏具有十分重要的意义。

6.1 飞仙关组共生体系烃源特征

6.1.1 源岩对比

四川盆地东北部地区飞仙关组岩性以鲕粒灰岩/白云岩及粉晶灰岩/白云岩为主，属浅海环境的沉积产物，一般厚 400～800m。飞仙关组不具备形成大规模气藏的烃源条件。前人研究认为飞仙关组烃源岩主要为下伏的上二叠统烃源岩，包括龙潭组煤系地层与大隆组深水相泥页岩。通过研究飞仙关组天然气与储层沥青之间、储层沥青与烃源岩之间的关系可推断天然气与其源岩的亲缘关系。

飞仙关组天然气主要为原油裂解气，在封闭体系下，干酪根的初次降解气和原油的二次裂解气的 C_1/C_2 与 C_2/C_3 组分变化趋势具有差异(Behar et al.，1991)，C_2/C_3 比值在干酪根初次降解时基本不变(甚至可能变小)，然而原油二次裂解时该比值急剧增大；C_1/C_2 比值变化与 C_2/C_3 比值变化相反，干酪根初次降解时逐渐增大，原油二次裂解时基本不变，飞仙关组天然气的 C_1/C_2 比值与 C_2/C_3 比值的变化趋势与原油裂解气比较相似，基本

上均以 C_1/C_2 比值变化小、C_2/C_3 比值变化大为特点,反映其以原油裂解气为主的特征。

统计对比川东北"四下二上"六套潜在烃源岩总有机碳(total organic carbon,TOC)含量结果表明,由于烃源岩层存在非均质性,烃源岩层内不同部位、同一部位不同岩性 TOC 含量存在较大差别,总体而言,上三叠统须家河组和中上二叠统残余 TOC 含量较高(平均 TOC 含量大于 2%),而长兴组和下志留统烃源岩 TOC 含量较低,平均为 0.20% 和 0.35%,就碳酸盐岩生烃有机质丰度而言,TOC 含量大于 0.15% 为有效烃源岩,TOC 含量大于 0.5% 为高丰度优质烃源岩。同样,从普光 5 井单井 TOC 含量剖面看,中上二叠统暗色泥质岩、泥灰岩及页岩烃源层有机质丰度较高,高于长兴组或下志留统有机质 TOC 含量 5~10 倍(图 6.1)。尤为重要的孤峰段碳、硅质泥岩厚 5~35m,TOC 含量分布在 1.0%~6.0%,平均值达到 4.57%。生烃强度在 5×10^8~$20\times10^8 m^3/km^2$,对川东北飞仙关组生烃有重要贡献。碳同位素和气体化学组成伯纳德(Bernard)图版投点结果(图 6.2)显示,

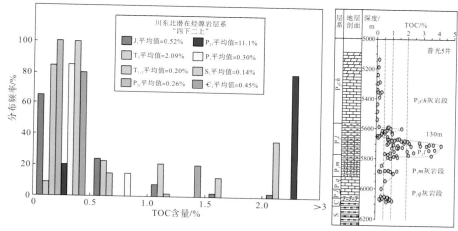

图 6.1 川东北潜在烃源岩层有机质丰度对比及普光 5 井 TOC 含量剖面图

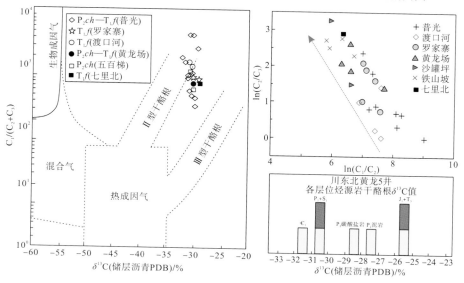

图 6.2 川东北地区气源贡献及气源特征

研究区有效烃源岩为Ⅱ型干酪根，且飞仙关组烃源岩主要源于中上二叠统，为古原油高温裂解气。

6.1.2　烃源岩地球化学特征

上二叠统地层自下而上分为龙潭组和长兴组。龙潭组是一套区域性含煤地层，煤层厚度一般为2～8m，但在川东北地区一般仅2m左右；暗色泥岩累计厚度一般大于30m，在万州以东地区厚度最大，为100m左右。龙潭组之上的长兴组为一套快速沉积的生物灰岩及礁灰岩，生物及有机质含量丰富，川东地区烃源岩累计平均厚度约为220m，其厚度变化在100～300m，以梁平—万州一带源岩厚度最大。

上二叠统烃源岩残余有机质丰度普遍较高，暗色泥岩TOC含量为3%～7%，最高值为12.55%。碳酸盐岩TOC含量则分布在0.4%～1.1%，平均TOC含量达0.5%。具较强的生烃能力。源岩干酪根富氢，壳质组相对富集，$\delta^{13}C$值分布在−29.55‰～27.73‰，但有机质类型以Ⅰ～Ⅱ₁型为主，其母质类型以偏腐泥的混合型为主。

6.2　飞仙关组共生体系储层特征

6.2.1　共生体系储层岩石类型及特征

飞仙关组储层的储集岩以鲕粒白云岩和溶孔鲕粒灰岩为主，其中鲕粒白云岩又可分为残余鲕粒白云岩和晶粒白云岩，前者由鲕粒岩经白云石化后形成，尚可见残余的鲕粒结构或具鲕粒幻影，后者鲕粒结构已基本消失，多成为细晶白云岩。

1. 鲕粒白云岩

鲕粒白云岩基本上保留了明显的粒屑结构，残余粒屑以鲕粒为主，多呈球形-椭球形，鲕粒大小相对均一，大小主要集中在0.2～0.4mm。残余鲕粒结构通常由粉晶-泥晶大小的白云石构成，亮晶方解石充填于鲕粒之间，局部粒内孔隙中充填相对较粗的粉晶（甚至细晶）大小白云石晶体，形态以它形-半自形粒状为主；粒屑结构之间可以充填有粉晶-泥晶大小的白云石晶体，形态以半自形-它形粒状为主，部分鲕粒完全溶蚀，并且鲕粒大小差异较大（图3.8）。鲕粒白云岩通常岩石结构较粗，基本不含石膏；颗粒含量在50%以上，分选性好，白云石化程度高，白云石含量大于85%。由于白云石化作用强烈，颗粒的原生结构常模糊不清，形成残余鲕粒（砂屑）白云岩或晶粒白云岩。该岩类通常溶蚀孔隙十分发育，岩心疏松，岩心上常见到由于短暂的沉积间断而形成的暴露面。岩心面孔率一般为3%～10%，孔隙度一般为6%～27%，常成为良好的储集层（Ⅰ、Ⅱ类）。

在紫1井、鹰1井、金珠1井等井区还见到由石膏胶结的膏质鲕粒白云岩，主要发育于局限海台地的低能环境，通常岩性致密，溶蚀孔隙不发育，储层品质较差（Ⅲ类）。

2. 溶孔鲕粒灰岩

溶孔鲕粒灰岩发育在台缘鲕坝相和台内鲕滩相相对高能环境中，主要为亮晶方解石胶结，少量泥晶，白云石化程度低，颗粒原生结构较清楚，分选性各地差异较大，孔隙类型主要是粒间、粒内溶孔及少量鲕模孔，岩心面孔率为 1%～2%，孔隙度大部分介于 2%～4%，少量可到 6%左右，通常只能形成较差储层(III类)。

另外，在局限海台地低能环境中沉积的泥-粉晶白云岩在部分地区也能形成储集层(如金珠 1 井、天东 9 井、天东 55 井)，但溶蚀作用较弱，孔隙多为晶间孔，孔隙度一般为 2%～3%，仅能形成III类储层。当发育较多有效裂缝时，可明显改善其储渗性能。

纵向上，以鲕粒灰岩为主的鲕滩储层一般分布在一个层序的中下部，泥-粉晶云岩多位于层序的上部或顶部。总体上看，鲕粒白云岩储集性能明显好于溶孔鲕粒灰岩及泥-粉晶云岩，是形成飞仙关组大中型气藏的基础，也是目前勘探所要寻找的主要储集岩类。

6.2.2　共生体系储层物性特征

飞仙关组鲕滩储层是在大面积致密鲕粒灰岩背景下发育的储渗体，区域上的分布极不均衡，目前的勘探发现主要集中在川东开江—梁平海槽东西两侧的台缘地区。

17 口井岩心样品物性分析资料统计表明，飞仙关组实测孔隙度分布范围为 0.64%～26.80%，平均孔隙度为 7.89%；渗透率变化值较大，分布范围为 $0.01\times10^{-3}\sim1160.00\times10^{-3}\mu m^2$，平均渗透率为 $44.12\times10^{-3}\mu m^2$。储层物性具体又分两种情况：一是以罗家寨、渡口河区块和坡 1 井、坡 2 井为代表的台缘鲕滩储层；二是以金珠 1 井、鹰 1 井、紫 1 井、坡 3 井和朱家 1 井为代表的局限台地(或台内点滩)储层(表 6.1)。

表 6.1　川东北地区飞仙关组共生体系岩心物性统计表

地区	井号	孔隙度			渗透率		
		样品数	范围/%	平均/%	样品数	范围/$10^{-3}\mu m^2$	平均/$10^{-3}\mu m^2$
台地边缘	渡 5	260	0.97～14.05	5.24	234	0.01～52.10	2.44
	渡 1	31	0.64～18.28	7.61	25	0.01～94.20	20.46
	渡 2	69	1.64～16.72	7.40	59	0.01～89.30	6.77
	渡 3	203	1.94～20.23	9.55	162	0.01～1123.00	128.73
	渡 4	214	1.47～25.22	9.67	65	0.08～103.00	9.04
	罗家 1	96	2.19～24.96	11.03	89	0.01～1160.00	227.36
	罗家 2	291	0.97～26.80	9.34	245	0.01～858.00	52.64
	罗家 4	8	1.67～4.32	2.94	1	0.01～0.01	0.01
	罗家 5	125	1.79～19.20	5.40	58	0.01～20.60	1.17
	罗家 6	76	0.93～14.66	2.92	69	0.01～7.14	0.24
	坡 1	92	1.67～16.96	6.56	68	0.01～91.60	3.16

续表

地区	井号	孔隙度			渗透率		
		样品数	范围/%	平均/%	样品数	范围/$10^{-3}\mu m^2$	平均/$10^{-3}\mu m^2$
台地边缘	坡2	328	1.64～21.78	8.83	259	0.01～169.00	9.65
	合计/平均	1793	0.64～26.80	7.89	1334	0.01～1160.00	44.12
台地内部	金珠1	71	0.91～11.83	3.91	71	0.01～0.01	0.01
	坡3	350	0.50～3.08	1.35	307	0.01～1.46	0.02
	朱家1	50	1.73～6.42	3.34	43	0.01～3.99	0.14
	鹰1	306	0.49～1.94	1.18	234	0.01～1.11	0.06
	紫1	34	1.03～4.85	2.50	34	0.01～0.03	0.01
	合计/平均	811	0.49～11.83	1.68	689	0.01～3.39	0.04

储层物性变化明显受岩性控制(图 6.3),灰岩类平均孔隙度为 1.01%～1.32%,渗透率基本低于 $0.1\times10^{-3}\mu m^2$,为非储层。膏岩类平均孔隙度为 0.9%,平均渗透率为 $0.05\times10^{-3}\mu m^2$,也为非储层。白云岩类物性差别较大,泥晶白云岩、灰质白云岩、膏质白云岩平均孔隙度为 1.2%～1.86%,渗透率为 0.05×10^{-3}～$0.11\times10^{-3}\mu m^2$,基本为非储层。膏质砂屑白云岩平均孔隙度为 2.04%,平均渗透率为 $0.1\times10^{-3}\mu m^2$,为差储层。粉晶白云岩平均孔隙度为 3.19%,平均渗透率为 $0.09\times10^{-3}\mu m^2$,为较差储层。鲕粒白云岩平均孔隙度为 8.53%,平均渗透率为 $44.13\times10^{-3}\mu m^2$,为优质储层。

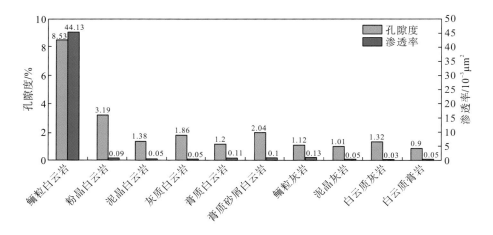

图 6.3　不同岩性孔隙度、渗透率分布图

白云岩是储层形成的基本条件,随着白云石含量的增加,岩石的孔隙度逐渐变好(图 6.4)。并非所有的白云岩都能作为储层,它还受白云石晶粒大小、结构、后期溶蚀作用及原岩(沉积物)结构的控制。泥-粉晶白云岩类,由于白云石晶体细小,晶间孔隙不发育或细小,也不利于埋藏期的溶蚀作用,因而物性较差。鲕粒砂屑白云岩类,白云石晶体较粗,以半自形为主,晶间孔和粒间孔较发育,这些孔隙的存在为埋藏溶蚀期地下

水的流动、溶蚀和物质交换创造了条件，易于形成大量的晶间溶孔、粒内溶孔和粒间溶孔，因而储层物性较好(表 6.1)。

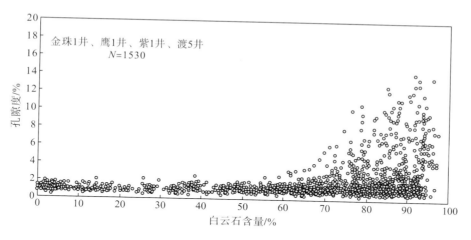

图 6.4　孔隙度、白云石含量关系图

　　储层物性变化明显受岩性控制，而岩性的变化又受沉积相带的控制，台缘鲕粒白云岩储层物性较好，而台地内泥-粉晶白云岩及膏质砂屑(鲕粒)白云岩储层物性较差。

　　川东北地区储层孔隙度、渗透率之间存在较好的正相关关系(图 6.5)，相关系数 R^2 为 0.6978。但孔隙度、渗透率分布存在两个明显的分区：一是孔隙度小于 2%时，渗透率基本不随孔隙度的变化而变化，为裂缝发育区；二是孔隙度在 2%以上，随孔隙度增加，渗透率明显增大，为非裂缝发育区。岩心观察裂缝主要发育在致密岩石中，在岩心中常见致密岩石中发育的裂缝到储层段突然消失的现象。

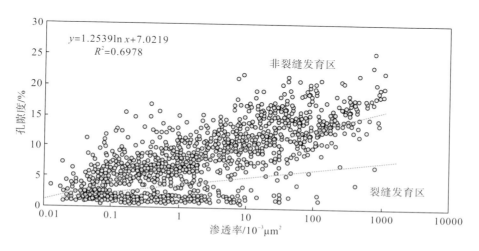

图 6.5　孔隙度、渗透率关系图

6.2.3　共生体系储集空间特征

按成因及分布位置，结合盆地北部地区目前的勘探实际，将储渗空间分为孔隙、溶洞、裂缝三大类。其中，孔隙类型主要包括粒间溶孔、粒内溶孔、晶间孔、晶间溶孔、膏模孔。

1. 孔隙

1）粒间溶孔

研究区飞仙关组储层粒间溶孔部分发育，主要发育在残余粒屑白云岩中，部分颗粒之间局部区域可见未被胶结物充填而残留形成的残余粒间孔［图 6.6（A）和（B）］，其经后期溶蚀形成粒间溶孔［图 6.6（C）和（D）］。不过，由于大量后期白云石晶体的沉淀充填，不少粒间溶孔（残余粒间孔）已向晶间孔、晶间溶孔转变［图 6.6（A）和（D）］，可形成Ⅰ、Ⅱ类储层。

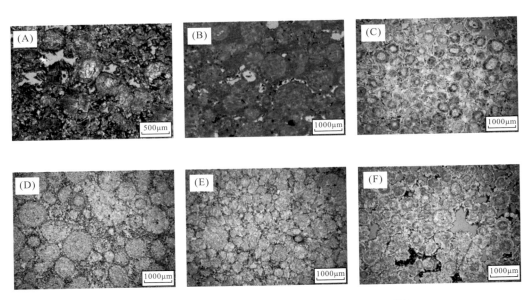

图 6.6　研究区飞仙关组储层粒间溶孔（残余粒间孔）特征

（A）七里北 1 井，飞仙关组，CDB-47，粒间孔（4-）；（B）七里北 1 井，飞仙关组，3-43，粒间孔（2-）；（C）渡 2 井，飞仙关组，4365.45m，粒间孔（2-）；（D）渡 2 井，飞仙关组，4380.1m，粒间孔（2-）；（E）渡 3 井，飞仙关组，4322.5m，粒间孔（2-）；（F）渡 3 井，飞仙关组，4304.1m，粒间孔（2-）

2）粒内溶孔

研究区飞仙关组储层粒内溶孔比较发育，主要发育在残余粒屑白云岩中，部分鲕粒内部区域可见未被白云石、方解石胶结物充填而残留的粒内溶孔［图 6.7（A）～（C）］，其形成可能与鲕粒等粒屑在同生期或准同生期遭受大气淡水淋滤溶蚀等作用有关。不过，由于大量后期白云石晶体的沉淀充填，不少粒内溶孔已向晶间孔、晶间溶孔转变[图 6.7(D)～(F)]，一般可形成Ⅰ、Ⅱ类储层。

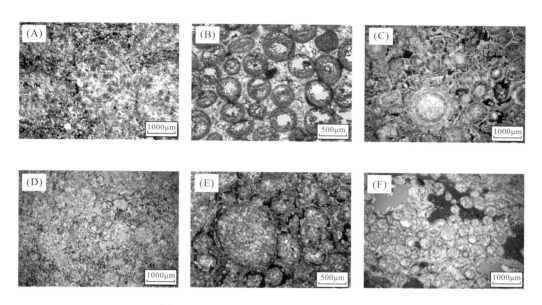

图 6.7　研究区飞仙关组储层粒内溶孔特征

(A)七里北 1 井，飞仙关组，CDB-41，粒内溶孔(2-)；(B)七里北 1 井，飞仙关组，CDB-45，粒内溶孔(4-)；(C)渡 2 井，飞仙关组，4376.5m，粒内溶孔(2-)；(D)渡 3 井，飞仙关组，4337.95m，粒内溶孔(2-)；(E)罗 6 井，飞仙关组，3968m，粒内孔(4-)；(F)罗 7 井，飞仙关组，3941.83m，粒内溶孔(2-)

3）晶间孔

晶间孔主要发育在晶粒白云岩晶粒间，重结晶强烈、原岩组构遭到严重破坏的结晶白云岩中。这些结晶白云岩的原岩多为残余粒屑白云岩(鲕粒白云岩、砂屑白云岩等)、晶体相对小的结晶白云岩[图 6.8(A)和(B)]。在以粉晶-细晶为主的白云石晶体之间可见明显的晶间孔[图 6.8(A)～(C)]，多为四面体孔，孔径一般为数十微米，多数情况下这些微孔被沥青全充填，也有一些较大的多面体孔在沥青充填后仍有残余空隙。

4）晶间溶孔

晶间溶孔可发育于鲕粒灰岩、鲕粒白云岩中。在鲕粒白云岩中主要由白云石晶间孔溶蚀扩大形成。孔隙形态不规则，大小为 0.05～0.2mm，常有沥青充填，小于 0.05mm 的晶间溶孔通常被沥青全充填。这种孔隙在粉晶白云岩中或残余鲕粒白云岩中常见，是主要储集空间之一。在鲕粒灰岩中这些孔隙主要沿晚成岩期粒状方解石晶间缝溶蚀产生，连通性较好，通常位于鲕粒白云岩储层上下，且多数已被沥青全充填[图 6.8(D)～(F)]。

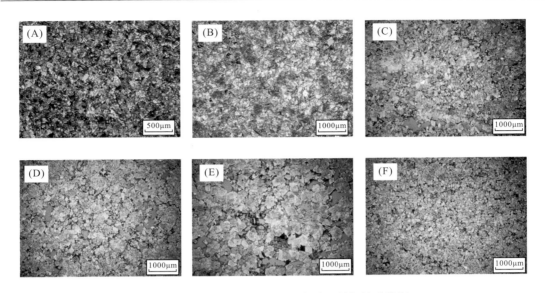

图 6.8　研究区飞仙关组储层晶间孔、晶间溶孔特征

(A)七里北 1 井，飞仙关组，CDB-39，晶间孔(4-)；(B)七里北 1 井，飞仙关组，CDB-43，晶间孔(2-)；(C)渡 2 井，飞仙关组，4358.9m，晶间孔(2-)；(D)渡 2 井，飞仙关组，4362m，晶间溶孔(2-)；(E)渡 3 井，飞仙关组，4287.95m，晶间溶孔(2-)；(F)渡 3 井，飞仙关组，4327m，晶间溶孔(2-)

5)膏模孔

　　膏模孔是石膏晶体被溶蚀形成的孔隙，保留了石膏板条状或放射状外形 [图 6.9(A)]。这种孔隙主要发育在泥晶白云岩中，分布于台地内的潟湖相中 [图 6.9(B)]。孔隙中常有沥青、方解石等充填物。这种孔隙较少，为次要的储集空间，同时是共生体系下的典型储集空间。

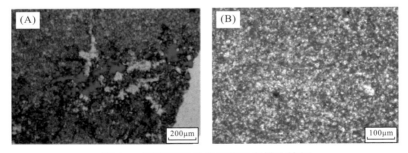

图 6.9　研究区飞仙关组储层膏模孔特征

(A)金珠 1 井，飞仙关组，2970.64m，泥晶白云岩，放射状石膏晶体溶蚀形成的膏模孔，孔隙中充填有沥青和方解石(10-)；
(B)月溪 1 井，飞仙关组，4480.52m，泥晶白云岩，方解石充填膏模孔(20-)

2. 溶洞

　　溶洞直径一般为 2～5mm，通常呈圆形或溶沟状，常数倍于颗粒的大小，形成超大溶孔。溶洞中常见硫磺、沥青等充填物，大的溶洞(1cm 以上)常被粗晶方解石、硫磺及石英全充填。溶洞主要由粒间孔溶蚀扩大形成，部分由沿裂缝、缝合线的非选择性溶蚀扩大而成，呈串珠状。溶洞在台缘鲕粒白云岩中较为常见，溶洞发育的鲕粒白云岩通常都是优良的储集层。区内鲕粒灰岩中可见少量溶洞，常被粗晶方解石半充填，由于分布零星，对岩石的储集性能影响较小。

3. 裂缝

裂缝主要发育在泥晶灰岩、鲕粒灰岩、泥晶白云岩等致密岩石中，缝宽一般在 1mm以上[图 6.10(A)～(C)]。在川东北地区，大多裂缝见粗晶方解石、白云石、硫磺、石英、石膏等半充填或全充填。孔隙层中裂缝发育较少，但充填程度低，缝宽 0.1～1mm，沿裂缝常有溶蚀现象[图 6.10(D)～(F)]。裂缝的储集意义虽然不大，但是重要的渗流通道，罗家 5 井、铁山 5 井裂缝发育程度较高，是其高产的主要原因之一。

图 6.10　川东北飞仙关组共生体系中储层裂缝特征

(A)罗 6 井，飞仙关组，3930.9m，缝合线；(B)紫 2 井，飞仙关组，3370.34～3370.40m，高角度构造缝；(C)罗 7 井，飞仙关组，3948.35m，低角度构造缝(已被沥青质充填)；(D)七里北 1 井，飞仙关组，CDB-40，微裂缝(4-)；(E)七里北 1 井，飞仙关组，CDB-42，微裂缝(2-)；(F)渡 2 井，飞仙关组，4370m，微裂缝(2-)

6.3　共生体系储层主控因素及分布规律

储层发育控制因素研究是储层分布规律研究的基础和依据，对碳酸盐岩储层而言，其形成主要受沉积相和成岩作用的双重控制，沉积作用是基础，决定了主要储层的大致分布范围，而且影响后期成岩作用类型及强度；成岩作用是关键，既控制了储层的最终展布，又决定了储层内部的孔隙结构，飞仙关组鲕滩储层也是如此。

6.3.1　沉积相控制因素

飞仙关组的沉积相与石炭系、长兴组等其他海相地层所不同的显著特点在于，由于区域上槽（盆）、台格局的逐渐消失，飞仙关组沉积相具有不断演化的特征，从飞仙关早期到晚期，沉积相带在纵横向上不断地迁移，直至飞仙关末期全区基本达到均一化，开始嘉陵江期以均一化潮坪为主的沉积。沉积相对鲕滩储层发育的控制主要表现在沉积演化对鲕粒岩分布的控制以及沉积演化对白云石化的控制两个方面。

1. 沉积演化对鲕粒岩分布的控制

区内鲕粒岩分布普遍，且累计厚度较大，随沉积相在纵横向上的不断变化，鲕粒岩的纵横向分布也在不断发生变化。

1）层序 I

层序 I 时期，开江—梁平海槽东侧台缘鲕滩主要分布在铁山坡（坡 1 井、坡 2 井）—渡 5 井—紫水坝一线，具有明显的障壁性质，其后的老鹰岩—金珠坪—高张坪一线处于受保护的局限海低能环境，主要为一套泥晶灰岩、薄层泥晶白云岩及石膏与膏质白云岩组合，夹薄层颗粒岩。因此鲕粒岩平面上主要围绕当时在坡 3 井—金珠 1 井—鹰 1 井一带发育的局限台地区分布，鲕粒岩累计厚度主要在 10～40m，其中以渡 5 井—罗家 5 井一线发育最厚，坡 3 井—金珠 1 井—鹰 1 井一带最薄（小于 10m）。纵向上从层序 I 顶部—底部均有鲕粒岩发育，从金珠 1 井—渡 5 井—罗家 1 井，垂向上鲕粒岩发育自东北向西南具有不断抬升的趋势，以中上部发育最厚。

2）层序 II

层序 II 时期是台缘鲕坝发育繁盛阶段。由于台地向海槽区的增生，区内鲕粒岩的分布范围及厚度均较层序 I 明显增大。

鲕粒岩的总体分布趋势仍然是围绕鲕坝后的局限海分布，但明显已经向海槽区迁移，发育厚区主要在坡 2 井—渡 3 井—罗家 2 井一带，主要为 10～40m。其后的局限海发育区（包括坡 4 井、坡 3 井、渡 5 井、罗家 2 井、罗家 8 井、罗家 5 井、高张 1 井、月溪 1 井、朱家 1 井、金珠 1 井、鹰 1 井、紫 1 井及其以东地区）鲕粒岩厚度薄，大多小于10m，以沉积大套泥晶灰岩、薄层泥晶白云岩及石膏与膏质白云岩组合为特征。

3）层序III

层序III时期，区内大部分地区已经转化为台地，但沉积地貌的差异仍然存在，鲕粒岩总体仍然具有沿开江—梁平海槽展布的趋势，分布面积进一步扩大，但厚度有减薄的趋势。

海槽东侧主要分布在坡 2 井前—渡 4 井—黄龙 3 井—门南 1 井一线，明显较层序 II时向西南方迁移，鲕粒岩厚度明显较层序 I、II 减薄，主要在 10～20m。其后方的鲕粒岩发育薄区范围进一步扩大。

4）层序Ⅳ

层序Ⅳ时期，区内已完全台地化，开江—梁平海槽区已转化为一分布面积较大的台地潟湖，在潟湖的周围广泛分布鲕滩体，开始了台内鲕滩繁盛阶段。鲕粒岩分布面积进一步扩大，但厚度明显进一步减薄。

海槽东侧鲕粒岩主要分布在坡 2 井—温泉 3 井—门南 1 井一线，除门南 1 井区厚度较大外，其余地区大多为 10～20m，其后方的鲕粒岩发育薄或无鲕粒岩发育区范围进一步扩大。

5）层序Ⅴ

在层序Ⅴ的早-中期，海平面较层序Ⅳ末略有加深，区内以蒸发台地-膏质潟湖和局限台地-潮坪为主，但滩体鲜有分布且厚度很薄，横向变化大。川东地区鲕粒岩主要还是分布在开江—梁平海槽消失后所形成的台地潟湖两侧，大部分小于 10m。

沉积的旋回性变化使得相带不断迁移，造成了目前四川盆地北部地区鲕滩在平面上较大面积分布，在纵向上有自东向西明显抬升的特征。平面上飞仙关组鲕粒岩主要分布在川东地区环开江—梁平海槽的东西两侧，东侧厚区分布在铁山坡—渡口河—罗家寨一线，鲕粒岩石累计厚度主要为 40～80m，并可沿台地边缘向铁山坡以北以及门南 1 井区延伸。其后的坡 3 井、朱家 1 井、高张 1 井、月溪 1 井、金珠 1 井、鹰 1 井等井区为鲕粒岩发育薄区或无鲕粒岩发育区。纵向上海槽东侧鲕粒岩主要发育在层序Ⅰ、Ⅱ，西侧主要发育在层序Ⅱ、Ⅲ。总体而言，作为鲕滩储层发育物质基础的鲕粒岩在层序Ⅰ、Ⅱ、Ⅲ内发育最厚。目前的钻探表明，川东地区以层序Ⅱ鲕粒岩单层厚度最大，白云石化程度最高，储层最发育。

2. 沉积演化对白云石化的控制

鲕粒岩的发育是鲕滩储层发育的物质基础，前面关于成岩作用的研究表明，第一、二期的埋藏溶蚀作用是优质鲕滩储层发育的关键因素，而埋藏溶蚀作用最为强烈的是那些早期在表生环境下形成的鲕粒白云岩类地质体。因此发生在表生环境下的白云石化的有利地区基本可以认为就是优质鲕滩储层发育的有利地区，而准同生期的蒸发白云石化与沉积相带密切相关。

从目前的钻井资料看，飞仙关组的白云岩主要分为两大类：一类是鲕粒白云岩；另一类是致密的泥-粉晶白云岩。成岩作用的研究表明，鲕粒白云岩除膏质胶结的外，基本都受到了大气淡水的影响，而致密的泥-粉晶白云岩主要为蒸发成因。

层序Ⅰ时期，鲕粒白云岩主要分布在坡 1 井—渡 5 井—罗家 2 井一线，厚度主要为 11～26m；而泥-粉晶白云岩分布的范围与鲕粒白云岩明显不同，主要集中在坡 1 井—渡 5 井—罗家 2 井一线的北东方向，厚度为 20～40m。

层序Ⅱ时期，鲕粒白云岩主要发育区向西迁移至坡 2 井—渡 4 井—罗家 2 井一线，厚度为 6～26m；层序Ⅱ的泥-粉晶白云岩主要集中在坡 2 井—渡 4 井—罗家 1 井的后方，明显较层序Ⅰ时薄，厚度主要为 10～20m。

层序Ⅲ时期，鲕粒白云岩主要发育区继续向西迁移至坡 2 井—黄龙 3 井—罗家 4 井一线，厚度已经明显较层序Ⅰ、Ⅱ减薄，目前的钻井都小于 10m。泥-粉晶白云岩厚度进一步减薄，主要为 1～10m。

层序Ⅳ时期，鲕粒白云岩主要发育区继续向西迁移至坡 2 井前—黄龙 3 井一线，并且厚度进一步减薄，分布范围也明显缩小。泥-粉晶白云岩厚度进一步表现出分布范围扩大，厚度减薄的特征。

层序Ⅴ时期，区内基本无鲕粒白云岩发育，泥-粉晶白云岩在海槽东侧仍然表现出分布范围大，厚度薄的特征。

综上所述，与优质鲕滩储层发育密切相关的鲕粒白云岩主要沿台地边缘分布。在海槽东侧主要发育在层序Ⅰ、Ⅱ。总体上层序Ⅱ发育厚度最大，层序Ⅰ、Ⅲ次之。层序Ⅳ分布零星，厚度很薄。Ⅴ准层序组基本无鲕粒白云岩发育。

值得注意的是，泥-粉晶白云岩及石膏的分布与鲕粒白云岩的分布具有明显的共生关系，该共生现象在海槽东侧表现十分明显，海槽东侧鲕粒白云岩厚度大，同时泥-粉晶白云岩及石膏的厚度也大，平面上泥-粉晶白云岩及石膏发育厚区总是在鲕粒白云岩发育厚区的后方（即北东方向），这主要是东侧鲕坝具有明显的沉积正地貌，鲕坝的障壁作用使其后方处于局限的潟湖或潮坪环境所致。鲕滩体的这种障壁特征在层序Ⅰ、Ⅱ表现最为明显，此时也是海槽东侧鲕滩储层最为发育的时期。

6.3.2　成岩作用控制因素

经过详细的薄片观察和岩心描述，飞仙关组储层主要成岩作用可分为两种，即建设性成岩作用和破坏性成岩作用，主要的建设性成岩作用有溶蚀作用、白云石化作用；主要的破坏性成岩作用有压实压溶作用、胶结作用、充填作用。

1．建设性成岩作用

1）溶蚀作用

除白云石化作用外，溶蚀作用是飞仙关组储层形成的另一关键因素。飞仙关组溶蚀作用可分为 4 期：①同生-准同生期溶蚀作用；②第一期埋藏溶蚀作用；③第二期埋藏溶蚀作用；④第三期埋藏溶蚀作用。

（1）同生-准同生期溶蚀作用。同生-准同生期溶蚀作用主要是选择性溶蚀早期不稳定的文石、高镁方解石等矿物，形成粒内溶孔、铸模孔和粒间溶孔。铸模孔底部常见渗流粉砂，上部则被方解石和白云石充填，形成明显的示底构造。该期溶蚀作用主要发生在渡 5 井、罗家 5 井及其以外的台缘鲕滩相中，台地内潟湖（如鹰 1 井）等则溶蚀作用很弱。该期溶蚀作用形成的孔隙大多被块状方解石和渗流物充填而失去储、渗能力。

（2）埋藏溶蚀作用。飞仙关组储层埋藏溶蚀作用与有机质热演化史密切相关。第一期埋藏溶蚀作用与液态烃成熟期伴生的富含有机酸的酸性水活动有关，时间大致在三叠纪末—中侏罗世末，埋深为 2000～4500m，即主要在生油窗范围内，溶蚀孔洞中充填有少量粗晶方解石。该期溶蚀作用非常强烈，形成大量的粒内溶孔、粒间溶孔、晶间溶孔等。溶孔中普遍见沥青充填物，在大的孔隙中沥青分布于孔隙的边缘，小的孔隙则大多被沥青全部充填，表明它们形成于沥青侵位之前，是液烃的主要储、渗空间。溶蚀的对象可能为粒间方解石胶结物，或沿白云石晶间孔、残余原生粒间孔溶蚀扩大。

　　第二期埋藏溶蚀作用与液态烃裂解及硫酸盐热化学还原过程中产生的 H_2S 有关。作为共生体系重点发育层位，川东北地区飞仙关组地层富含膏岩，地层水中含大量 SO_4^{2-}，在深埋高温阶段，液态烃裂解产生 CH_4 或干酪根热裂解生成的 CH_4 与 SO_4^{2-} 反应，生成大量的 H_2S，这种 H_2S 对碳酸盐岩具强烈的溶蚀作用。飞仙关组气藏中 H_2S 含量高达 10%以上，是四川盆地乃至全国天然气藏中含量最高的气藏，表明飞仙关组地层中确实发生过强烈的硫酸盐热化学还原反应。

　　第二期埋藏溶蚀作用大致发生在中侏罗世以后，地层埋深在 4500m 以上，溶蚀孔隙中常充填有石英、白云石、硫磺及粗晶方解石，溶蚀孔隙中无沥青充填，表明它们形成于沥青侵位之后，是现今天然气藏的主要储、渗空间。

　　第二期埋藏溶蚀作用既可在第一期埋藏溶蚀作用形成的孔隙的基础上扩大，也可形成新的孔隙。新形成的孔隙为粒内溶孔和鲕粒圈层孔，无沥青充填物，主要见于鲕粒白云岩中，溶蚀作用主要在鲕粒内进行，因为颗粒中白云石晶体较粗，自形程度较好，白云石原始晶间孔较发育，这种发育的原始孔隙网络为第二期埋藏溶蚀作用提供了良好的流体运移和物质交换通道。而粒间基质为泥晶白云石，白云石晶体细小，晶间孔不发育或细小，后期溶蚀性流体难以进入，因而很难发生溶蚀作用。第二期埋藏溶蚀作用也可在第一期埋藏溶蚀作用的基础上发育，大部分粒间溶孔和较大的白云石晶间溶孔是经此过程形成的，孔隙中充填有沥青，但沥青并不是分布在孔隙边缘，而是呈环形分布于孔隙中央，沥青环形以内的孔隙是第一期埋藏溶蚀作用形成的(图 6.11)，沥青环以外的孔隙是第二期埋藏溶蚀作用形成的，由此可以估计两期埋藏溶蚀作用形成孔隙的数量。通过大量铸体薄片的观察统计，第二期埋藏溶蚀作用形成的孔隙大约为 6%，略低于第一期埋藏溶蚀作用。

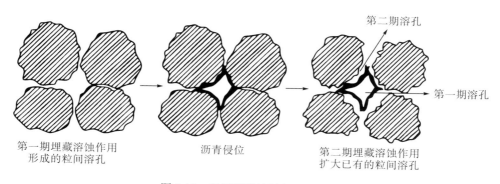

图 6.11　两期埋藏溶蚀发育示意图

　　总之，根据孔隙中有无沥青及沥青的产状可以判断孔隙的成因；无沥青充填的孔隙是第二期埋藏溶蚀作用形成的，有沥青充填且沥青位于边缘或全被沥青充填的孔隙是第一期埋藏溶蚀作用形成的；有沥青充填，但沥青分布于中央的孔隙是两期埋藏溶蚀作用共同形成的。此外，白垩纪末期的喜马拉雅运动，使飞仙关组地层褶皱抬升，形成较多裂缝，沿裂缝溶蚀形成一些溶缝、溶洞，即存在第三期埋藏溶蚀作用。但这期埋藏溶蚀作用规模较小，裂缝和溶洞主要分布于致密岩石中(如泥晶灰岩、泥晶白云岩等)，溶洞较大，直径大多在 1cm 以上。据岩心统计，原始缝洞率不超过 0.5%，有效缝洞率基本为零，它们被硫磺、粒状石膏、粗-巨晶方解石、石英等全充填。溶蚀作用机理可能是构造抬升运动，使地下水重新分布和调整，富含 H_2S 的地下水沿裂缝溶蚀，形成了大的溶蚀缝洞，而缝洞中大量硫磺充填也证明溶蚀作用与 H_2S 有关。缝洞中无沥青充填物，表明其形成于沥青侵位之后。

(3)埋藏溶蚀作用模式。

①第一期埋藏溶蚀作用模式。第一期埋藏溶蚀作用模式如图 6.12 所示。川东北地区长兴期、飞仙关期碳酸盐台地西南侧为开江—梁平海槽，海槽与台地之间发育同生断层。飞仙关组气藏的烃源岩在成油过程中形成的有机酸首先在侧向上运移至同生断层中，再沿同生断层向上运移至飞仙关组台缘浅滩中，在台缘浅滩中则是由台地边缘向台地内部作侧向运移。因此，在台地边缘溶蚀作用最为强烈，向台地内部溶蚀作用逐渐减弱，到台地内潟湖(如鹰 1 井)一带，溶蚀作用已很弱，仅沿裂缝有少量溶蚀。

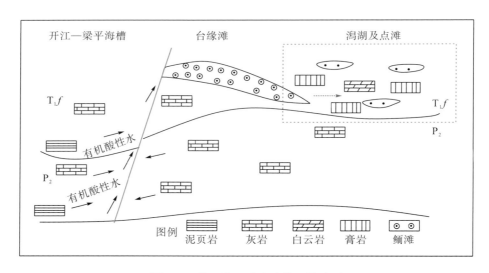

图 6.12　第一期埋藏溶蚀作用模式图

②第二期埋藏溶蚀作用模式。根据 H_2S 溶蚀作用机理，总结第二期埋藏溶蚀作用模式，如图 6.13 所示。川东北地区飞仙关组由海槽相、台缘鲕滩相及台地内潟湖相组成，台地内潟湖相为富含膏岩地层，由于硫酸盐热化学还原反应而产生大量的 H_2S，富含 H_2S 的地层水向台缘鲕滩(构造-岩性)圈闭中运聚。海槽相主要由泥晶灰岩和泥页岩组成，不含石膏，因此地层水中不含 H_2S，这种不含 H_2S 的地层水沿同生断层运移至台缘鲕滩中。这样在台缘鲕滩中就有两种不同浓度的地层水混合，从而产生强烈溶蚀作用。至于潟湖内点滩由于受同一种 H_2S 浓度地层水包围，没有其他地层水来源，不能产生混

合带，因此点滩中与 H_2S 有关的溶蚀作用不强烈。

第二期埋藏溶蚀作用为一种深部岩溶（Hill，1995），溶蚀作用发生时地层埋深在 4500m 以上，地层封存条件较好，含氧地表水不可能运移至此，与 H_2S 氧化作用有关的溶蚀不大可能发生。因而只能是 Hill(1995) 的第二种 H_2S 溶蚀途径，即不同浓度 H_2S 地层水混合而产生溶蚀。

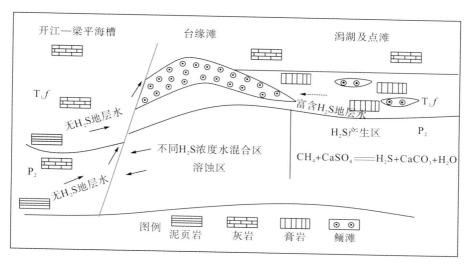

图 6.13　第二期埋藏溶蚀作用模式图

2）白云石化作用

白云石化作用是川东北地区飞仙关组储层形成的关键因素，鲕粒白云岩和鲕粒灰岩储集物性差异较大。鲕粒白云岩相比于鲕粒灰岩，具有更高的孔隙度和渗透率，并且鲕粒灰岩的孔隙度和渗透率普遍较低（图 6.14）。

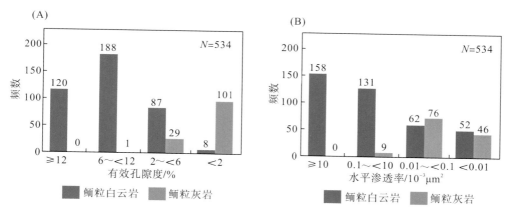

图 6.14　川东北渡口河—七里北区块飞仙关组鲕粒白云岩和鲕粒灰岩物性分布直方图

（A）有效孔隙度分布直方图；（B）水平渗透率分布直方图

3) 去膏化作用

部分井(如金珠 1 井、渡 5 井等)泥晶白云岩中常含放射状、针状石膏假晶,由粒状晶或块状晶方解石组成。去膏化作用与第一期埋藏溶蚀作用有关,可能是石膏晶体溶蚀后再被方解石充填形成,部分未充填满,保留有效孔隙空间,孔隙中见沥青,部分被全充填。在台地内潟湖中(如金珠 1 井),石膏的溶蚀和方解石充填与裂缝有关,放射状膏模孔隙和石膏假晶都集中分布在裂缝附近。石膏胶结及去膏化等成岩变化可能是飞仙关组气藏天然气 H_2S 含量高的原因。

2. 破坏性成岩作用

1) 压实压溶作用

压实作用是碳酸盐沉积物(岩)孔隙度降低的主要成岩作用,当沉积物因负载被压实时,沉积物脱水,孔隙度降低,厚度减小,沉积物的颗粒和结构发生重新排列或改变。压实作用可以使碳酸盐沉积物厚度减少一半,孔隙度减少 50%～60%,但大量早期的胶结物可以明显地抵抗压实作用的进行。

压溶作用主要形成缝合线[图 6.15(A)],缝合线两侧的物质组分出现程度不同的溶解而呈突变接触关系,产物多为颗粒或晶粒之间的微缝合线或微缝合线群,大型缝合线和叠锥构造,其内往往充填沥青、不溶残余物等,仅少数缝合线为有效的储、渗空间,沿缝合线有溶蚀现象,形成少量溶蚀孔、洞。

2) 胶结作用

胶结作用主要发生在颗粒岩中,一般有三期方解石胶结和一期石膏胶结,它是储层孔隙度降低的主要原因之一。

(1) 早期多世代环边栉壳状胶结作用。第一期方解石胶结物通常为纤维状或柱状,围绕颗粒生长,呈栉壳状或等厚环边,厚度为 0.01～0.05mm[图 6.15(B)]。纤维状、柱状或等厚环边方解石被认为是早期的海相胶结物,形成于孔隙水仍与正常海水密切交换的海底潜流带。海相胶结物的纤维状特性与正常海水中的高 Mg/Ca 比值有关,孔隙水介质中的高镁含量可选择性地抑制晶体的侧向生长。纤维状胶结物由文石转变而来,是在低温条件下形成的,含量一般在 2%左右,白云岩中第一期方解石胶结物常白云石化,形成叶片状白云石环边。

(2) 等轴粒状方解石胶结作用。这类方解石胶结作用发生在早成岩阶段早期,方解石胶结物呈粒状充填于原生粒间孔中[图 6.15(B)],形成于纤维状或柱状方解石之后,含量可达 10%以上,是孔隙度降低的主要原因之一。粒状方解石在鲕粒白云岩中大多被完全溶蚀,仅少数地方还有保留,如渡 5 井 4807.5m 处,但在鲕粒灰岩中大多保存完好。

(3) 粗晶方解石的胶结作用。这类方解石胶结作用发生在早成岩阶段晚期至中成岩阶段早期。方解石晶体明亮粗大,一般大于 0.1mm,以单晶或嵌晶形式充填于各类剩余孔隙空间。这类方解石含量不高,仅在少数孔隙中发育。

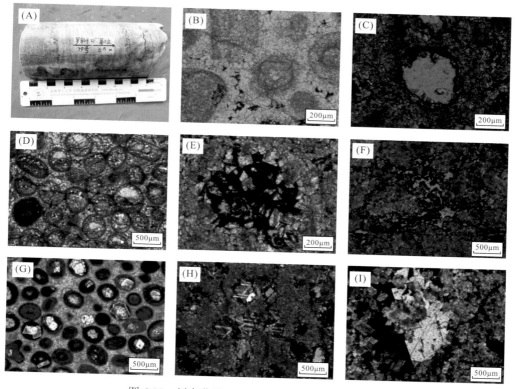

图 6.15　川东北地区飞仙关组成岩作用典型照片

(A)缝合线，T_1f，罗 6 井岩心，3930.9m；(B)两期方解石胶结，形成少量粒间溶孔，被沥青近全充填，3520m，T_1f，罗家 1 井，铸体薄片(−)；(C)铸模孔，3-2/63，T_1f，渡 4 井，铸体薄片(−)；(D)方解石充填粒内溶孔，具示顶底构造，2-57/87，T_1f，七里北 1 井，铸体薄片(−)；(E)沥青充填粒内溶孔，6-5/81，T_1f，渡 4 井，铸体薄片(−)；(F)沥青充填于粒间溶孔，1-58，T_1f，渡 4 井，铸体薄片(−)；(G)白云石充填粒内溶孔，2-57/87，T_1f，七里北 1 井，铸体薄片(−)；(H)石膏充填粒内溶孔，3-2/63，T_1f，渡 4 井，铸体薄片(+)；(I)石英充填粒间溶孔，1-58，T_1f，渡 4 井，铸体薄片(+)

(4)石膏胶结作用。这类胶结作用形成的石膏胶结物仅分布于台地内潟湖环境中(如鹰 1 井、紫 1 井等)，呈板条状、放射状分布于粒间孔隙中，为潟湖中海底成岩环境胶结物。石膏胶结物是潟湖内点滩颗粒岩孔隙度降低的最重要原因，其含量可达 20%以上。

3)充填作用

虽然破裂和溶蚀作用增加了储层的孔渗性，有利于油气的运移，但受各成岩阶段自生矿物沉淀和充填作用的影响，储层次生溶蚀孔、洞、缝中被方解石[图 6.15(B)和(D)]、沥青[图 6.15(E)和(F)]、白云石[图 6.15(G)]、石膏[图 6.15(H)]、石英[图 6.15(I)]、硫磺及少量萤石、重晶石、黄铁矿等矿物充填，造成储层的孔、喉被封堵而对储层发育不利。

6.3.3　储层纵横向分布规律与勘探应用

1.鲕滩储层的纵横向分布规律

通过上述沉积相及成岩作用的研究可知，鲕滩储层的纵横向分布与沉积相演化及成岩作用是密不可分的。纵向上，优质鲕滩储层均发育在飞仙关组层序Ⅰ中上部—层序Ⅲ，在海槽东侧主要分布在层序Ⅰ中上部与层序Ⅱ的台缘鲕坝(滩)之中。平面上，优质鲕滩储层均分布在环开江—梁平海槽的台缘鲕坝(滩)中。就具体地区而言，海槽东侧优质储层发育在庞家山—月溪场—紫水坝一线以西，分布较为稳定，分布面积大。

在鲕滩储层分布的具体研究工作中，考虑到各地区的资料情况，为了便于区域上的对比研究，对储层类别的划分主要以孔隙度(Φ)为依据(即 $\Phi \geqslant 12\%$ 为Ⅰ类储层，$12\% > \Phi \geqslant 6\%$ 为Ⅱ类储层，$6\% > \Phi \geqslant 2\%$ 为Ⅲ类储层，$\Phi < 2\%$ 为非储层)。鲕滩储层的具体分布情况详述如下。

四川盆地北部地区飞仙关组的储层自上而下各层序都有分布，有泥粉晶灰岩的，也有鲕粒灰岩及鲕粒白云岩的。优质鲕滩储层(Ⅰ、Ⅱ类)主要集中分布在层序Ⅰ中上部—层序Ⅲ的台缘鲕坝(滩)相的鲕粒白云岩中。同时，由于沉积环境及其演化的差异，鲕滩储层具体的分布在不同的地区又有各自不同的特征。

川东北地区沉积相演化的规律性较为明显，随开江—梁平海槽的逐渐萎缩与消亡，区内发育的一套障壁坝-局限海(潟湖潮坪)沉积体系不断向西迁移抬升，因此使目前川东北部地区鲕滩储层在横向上具有稳定性，在纵向上具有明显迁移性的特征。横向上，鲕滩储层从罗家寨—渡口河—铁山坡一线稳定分布；纵向上，从金珠1井→渡5井→渡2井→渡4井储层发育层位又不断抬升，相带的迁移造成了储层在较大范围内的分布，规律性十分明显。

坡3井、朱家1井、紫1井、鹰1井、金珠1井等井位于局限的潟湖范围内，储层主要位于层序Ⅰ下部—底部，在巨厚石膏层之下。岩性主要为泥晶白云岩、膏质颗粒白云岩，白云石化作用为回流渗透白云石化，孔隙类型主要为白云石晶间(溶)孔、膏模孔，孔隙度一般小于4%，渗透率小于 $0.1 \times 10^{-3} \mu m^2$，储层类别主要为Ⅲ类(图6.16)。

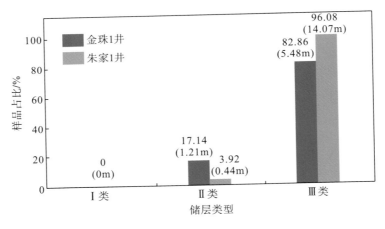

图6.16　金珠1井、朱家1井飞仙关组岩心储层分布直方图
注：括号内数据为储层累计厚度。

　　坡 1 井—渡 5 井—罗家 5 井一线为层序 I 中部—顶部储层发育区，总体围绕III类储层发育区分布，它位于薄层石膏之下。沉积相主要为层序 I 的台缘鲕坝相，岩性主要为鲕粒白云岩，白云石化作用主要为混合水白云石化，并受回流渗透白云石化影响，泥粒白云岩和粉晶白云岩，孔隙类型主要为粒间溶孔、铸模孔、白云石晶间溶孔和粒内溶孔等，孔隙度一般小于 10%，渗透率小于 $10 \times 10^{-3} \mu m^2$，储层类别主要为 II、III 类储层(图 6.17)。

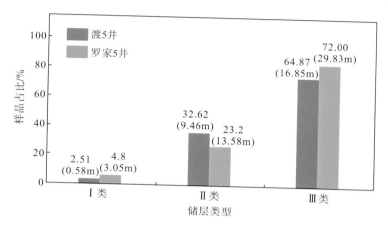

图 6.17　渡 5 井、罗家 5 井飞仙关组岩心储层分布直方图

　　层序 II 的储层主要分布于坡 2 井—渡 4 井—罗家 1 井一线，沉积相带主要为层序 II 台缘鲕坝(滩)相，在层序 I 储层的前端(靠海槽方向)分布；白云石化作用为混合水白云石化。白云石化作用强烈，储层物性好，孔隙度一般在 8%以上，渗透率在 $10 \times 10^{-3} \mu m^2$ 以上，以 I、II 类储层发育为特征，孔隙类型主要为粒间溶孔、铸模孔，次为粒内溶孔和晶间溶孔，岩性主要为鲕粒(砂屑)溶孔白云岩(图 6.18)。层序III的鲕滩储层目前主要见于罗家 6 井，以III类储层为主(图 6.19)。

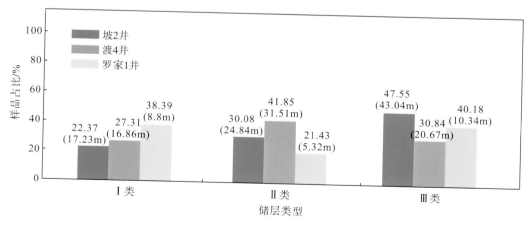

图 6.18　坡 2 井、渡 4 井、罗家 1 井飞仙关组岩心储层分布直方图

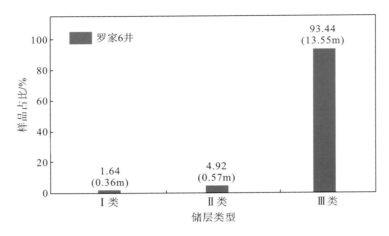

图 6.19 罗家 6 井飞仙关组岩心储层分布直方图

各级储层在纵向上也有明显的分布规律，共发现 I 类储层累计厚 95.34m（图 6.20），其中绝大部分分布于层序 II，层序 II 中的 I 类储层累计厚度为 75.27m，占 I 类储层总厚的 78.95%，其次为层序 I，为 16.93%，层序III最少，为 4.12%。II 类储层也是如此，分布于层序 II 的占了 52.63%，层序 I 的为 29.09%。III类储层也主要分布在层序 I、II。因此，层序 II 是储层发育最好的层段，其次为层序 I，层序III最差，层序IV～V储层很少（表 6.2）。

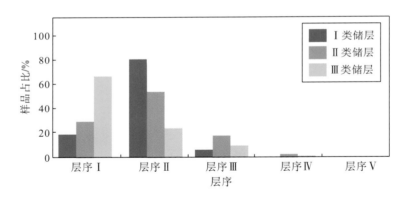

图 6.20 开江—梁平海槽东侧温泉井—铁山坡地区飞仙关组各级储层在各层序中的发育情况

表 6.2 开江—梁平海槽东侧温泉井—铁山坡地区各钻井飞仙关组储层纵向发育层位

井号	储层主要发育层位	井号	储层主要发育层位
金珠 1	层序 I 底部	渡 1	层序 II
坡 3	层序 I 底部	渡 2	层序 II
鹰 1	层序 I 底部	罗家 2	层序 I 上部—层序 II
朱家 1	层序 I 下部	罗家 1	层序 II
高张 1	层序 I 下部	渡 3	层序 II 上部

续表

井号	储层主要发育层位	井号	储层主要发育层位
月溪 1	层序 I 下部	渡 4	层序 II 上部—顶部
紫 1	层序 I 下部	罗家 4	层序 II
坡 4	层序 I 中部	罗家 6	层序 II～III
渡 5	层序 I 中上部	黄龙 3	层序 II～III
罗家 5	层序 I 中上部	罗家 7	层序 II～III
罗家 9	层序 I 中部	罗家 8	层序 II
坡 1	层序 I 中上部—层序 II	正坝 1	层序 I 中上部—层序 II

储层发育在各地区除纵向上存在差异外，平面上，在鲕滩储层大面积分布的背景之下，各地区由于所处沉积相带不同导致储层物性有明显的差异。储层孔隙度从局限海中心（坡 3 井—鹰 1 井一线）向台地边缘是逐渐增高的，从台地边缘向海槽（盆地）方向又急剧减小。孔隙度低值区在坡 3 井—朱家 1 井—紫 1 井—鹰 1 井一线，孔隙度小于 2%，高值区在坡 2 井—渡 4 井—罗家 1 井一带，平均孔隙度大于 8%。渗透率亦如此，从局限海中心的坡 3 井—鹰 1 井一带向台地边缘逐渐增高，从台地边缘向海槽（盆地）方向又急剧降低。低值区在坡 3 井、紫 1 井、鹰 1 井的潟湖范围内，渗透率小于 $0.1×10^{-3}μm^2$，高值区在渡 4 井及罗家 1 井、罗家 2 井一带，渗透率大于 $10×10^{-3}μm^2$，最高达 $100×10^{-3}μm^2$ 以上。同样，储层厚度从局限海中心向台地边缘逐渐增大，从台地边缘向海槽（盆地）方向急剧减小。储层厚度低值区在坡 3 井—紫 1 井—鹰 1 井一带，储层厚度小于 10m，高值区在坡 2 井、渡 4 井、渡 5 井、罗家 2 井一带，储层厚度大于 60m，最高可达 100m 以上。总体上，庞家山—月溪场—紫水坝一线以西为优质鲕滩储层发育区，储层主要发育在层序 I 中上部和层序 II，向北东方向储层物性变差，厚度变薄，储层主要发育在层序 I 下部—底部。

2. 共生体系储层勘探应用

虽然共生体系中泥晶白云岩与膏质白云岩（或灰岩）组合本身的储集性能较差，但从另一方面看，它们却可以为寻找优质鲕滩储层发育区提供十分重要的信息，即局限环境（如膏质湖盆）的展布会影响滩的展布，可以通过落实膏质湖盆分布边界为寻找滩相储层提供方向。如果在某一地区发现飞仙关组层序 I～III（大致相当于飞仙关组中下部）的泥晶白云岩与膏质白云岩（或灰岩）组合发育，那么在共生体系发育的局限环境的边缘（即靠海槽方向）则是优质鲕滩储层发育的有利地区，如紫 1 井泥晶白云岩与膏质白云岩（或灰岩）组合厚，则其前方（靠海槽方向）的罗家 5 井、罗家 2 井、罗家 1 井鲕滩储层发育，又如坡 3 井、坡 4 井、金珠 1 井、月溪 1 井泥晶白云岩与膏质白云岩（或灰岩）组合厚，则其前方（靠海槽方向）的坡 1 井、坡 2 井、宣探 1 井、渡 1 井、渡 2 井、渡 3 井、渡 4 井、渡 5 井鲕滩储层发育（图 6.21），这一认识对寻找未知的优质鲕滩储层发育区具有较强的实用性。

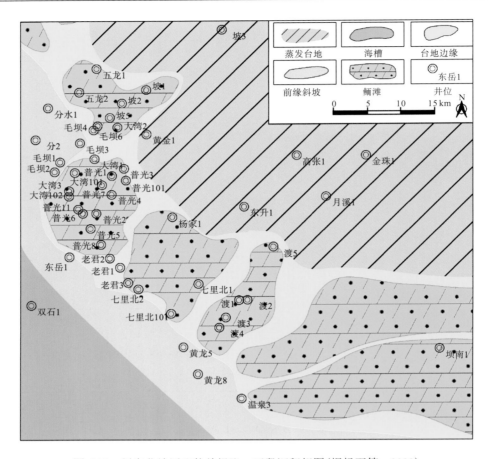

图 6.21　川东北地区飞仙关组飞一亚段沉积相图(据杨雨等，2023)

　　该规律适用于川东北地区飞仙关组七里北—渡口河一带优质鲕滩储层勘探开发，沿共生体系发育的蒸发台地，川东北地区早期(Ⅰ～Ⅱ旋回)边缘滩发育分布广，早期高能滩带长 113km、宽 1.8～7.6km，预计面积为 520km²，2022 年在宣探 1 井早期鲕滩储层取得了重大突破，成功钻遇飞仙关组台缘早期鲕滩带和长兴组台缘生物礁相带，充分证实开江—梁平海槽东侧原前缘斜坡带存在飞仙关期台缘早期鲕滩带，宣探 1 井飞仙关组台缘早期鲕滩储层类型以Ⅱ和Ⅲ类为主(图 6.22)，局部见Ⅰ类储层，总体为含气层和气层，且为独立的岩性气藏，试油效果良好。宣探 1 井成功钻遇礁、滩储层，证实飞仙关组发育台缘早期鲕滩带，这对于重新认识开江—梁平海槽两侧台缘礁、滩勘探领域具有重大战略意义，开辟了礁、滩勘探新领域并取得重大突破。七里北—渡口河三维地震勘探区飞仙关组早期边缘滩有利面积为 90km²，预计储层厚度为 80～180m，资源潜力为 2000 亿 m³。

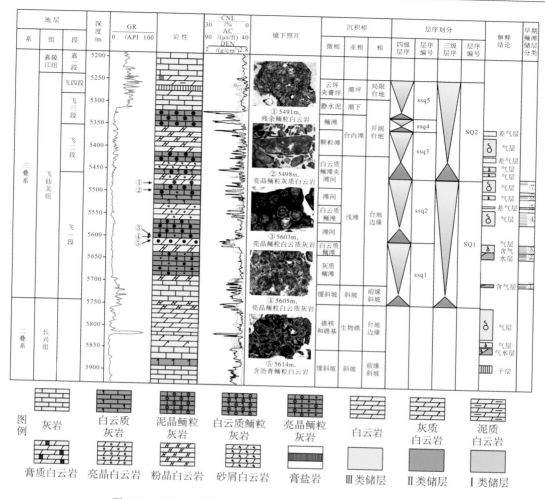

图 6.22　宣探 1 井层序-沉积相综合柱状图（据杨雨等，2023）

6.4　共生体系源-储-盐关系

6.4.1　共生体系源-储-盐沉积关系

（1）蒸发潮坪和潟湖是烃源岩发育的有利沉积环境：在炎热干旱气候条件下，局限的海水不断咸化。水体的咸化从表层开始，虽然海水咸化导致生物种类减少，但是嗜盐微生物在表层半咸水环境中大量繁殖，生物产能很高。咸化过程中水体密度逐渐增大，随着底部水体盐度增加，形成还原环境，大量有机质得到有效保存。膏盐岩对烃源岩生烃有明显促进作用：膏岩和盐岩在高-过成熟阶段对烃源岩生气均有明显催化作用，加速了有机质热演化进程，并且膏岩的催化作用要大于盐岩。

（2）与膏盐岩共生的白云岩储层储集空间特征：原生孔隙、后期溶蚀。温度、压力以及饱和二氧化碳水环境一定时，碳酸盐岩-膏盐岩地层溶蚀量与膏盐岩含量呈正相关关系，溶蚀量白云岩＞膏盐岩＞含膏白云岩。

(3)高温高压条件下膏盐岩由脆性变为塑性，封盖性更好，利于深层油气保存。

6.4.2　共生体系源-储-盐配置关系

油气藏的形成不仅需要优质的烃源岩和储集岩，还需要二者之间具有良好的源储配置关系，川东北地区位于川东高陡构造带北部与大巴山断褶带交会部位，构造起伏大，发育近 NE 向和 NW 向两组断裂，断层落差、延伸距离等均较大，向下断至奥陶系甚至寒武系，向上消失于中三叠统嘉陵江组、雷口坡组膏盐层系。由于断层规模大，沟通了二叠系、志留系甚至寒武系等多套优质烃源岩，提供了充沛的气源供应，加之断裂活动期与烃源岩排烃期有效匹配，构成高效的断层优势输导体系，气源供给、输导条件及盖层十分有利。

如前所述，宣探 1 井成功钻遇了台缘礁、滩储层，储层厚度大，试油效果较好。飞仙关组早期鲕滩体规模大，呈 NE 向展布，储集体规模与连续性好，延伸距离远，整体具备优越的储集条件。前期研究表明，川东北地区飞仙关组以发育构造型气藏为主，气藏储量丰度和充满度均相对较高，中石油川东北矿区礁、滩申报探明储量为 $1885\times10^8m^3$，储量丰度为 $2.8\times10^8\sim15\times10^8m^3/km^2$，中石化川东北矿区礁、滩探明储量为 $4121\times10^8m^3$，储量丰度为 $55\times10^8m^3/km^2$，川东北地区飞仙关组储量占 88%，中石油川东北矿区内飞仙关组储量占 70%，充分展现了川东北地区飞仙关组良好的勘探开发潜力。

综上所述，川东北地区发育深大断裂和高陡构造，可构成断层优势输导，断背斜与优质礁、滩储层在空间上有利匹配，加之多套烃源的充沛供气，具有天然气高效成藏的有利条件，具备形成高丰度大中型整装气藏的潜力。

6.4.3　共生体系气藏形成条件及模式

1.成藏条件分析

气藏剖析(表 6.3)表明，川东北飞仙关组鲕滩气藏主要有以下几个特点：①均处于生烃中心边缘，烃源岩厚度为 $100\sim350m$，生烃强度多超过 $25\times10^8\sim45\times10^8m^3/km^2$，气源较充足，运移通道好，各气藏均有气源断裂发育；②储层以白云岩为主要储集岩，裂缝-孔隙型为主要储层类型，储层横向变化大，层位上随岩相变化而迁移，位于海槽东侧台地边缘相的罗家寨、渡口河、铁山坡区域上可对比，而海槽西侧开阔台地相内储层非均质性强，区域可比性差，气藏受岩相岩性控制明显；③以岩性-构造复合圈闭为主，圈闭面积大，闭合度高，圈闭条件好；④气藏一般有边水，无统一气水界面，各自具有不同的压力系统，系各自独立气藏，对各气藏来说，由于其成藏诸要素的配置差异，其主控因素各有侧重，但从整体上看，影响川东北飞仙关组鲕滩气藏的主控因素为岩性岩相及储集条件、构造条件及圈闭大小、烃源条件、气源断裂及裂缝系统 4 个因素。

表 6.3　四川盆地东北部地区飞仙关组鲕滩典型气藏成藏条件简表

气藏	烃源条件	储集条件	运移条件	圈闭条件	储量规模
罗家寨	生烃中心西北缘，距生烃中心最近。烃源岩厚 200～250m，生烃强度为 3000×10⁶～4500×10⁶m³/km²	储层稳定，连片性好。物性东好西稍差，总体以 Ⅰ、Ⅱ 类为主，平均孔隙度为 7%，平均有效厚度为 37.7m。缝洞发育。台地边缘相	罗①、罗②断层规模大，延伸远，为主要气源断裂，裂缝发育	岩性-构造复合圈闭，圈闭面积大，闭合度高。圈闭面积为 76.9 km²，最大闭合度为 930m	探明：581.08×10⁸m³；丰度：7.6×10⁸m³/km²
渡口河	生烃中心西北缘，距生烃中心近。烃源岩厚 200～250m，生烃强度为 3000×10⁶～4000×10⁶m³/km²	储层纵横向分布稳定，连片性好，可比性强。缝洞发育，物性好，储层以 Ⅰ、Ⅱ 类为主，平均孔隙度为 9.2%，平均有效厚度为 45.4m。台地边缘相	温 21 号断层规模大，延伸远，为主要气源断裂，裂缝发育	岩性-构造复合圈闭，面积大，闭合度高。圈闭面积为 69.53 km²，最大闭合度为 530m	探明：271.65×10⁸m³；预测：170.15×10⁸m³；丰度：12×10⁸m³/km²
铁山坡	生烃中心西北侧，距生烃中心近。烃源岩厚 100～150m，生烃强度为 2500×10⁶～3500×10⁶m³/km²	储层稳定，连片性好，物性比渡口河稍次，储层以 Ⅰ、Ⅱ 类为主，平均孔隙度为 8%，平均有效厚度为 32.84m。台地边缘相	2 条气源断裂发育	岩性-构造复合圈闭，面积中等，闭合度高。圈闭面积为 24.7 km²，最大闭合度为 720m	控制：448×10⁸m³；丰度：9.8×10⁸m³/km²
金珠坪	生烃中心西北侧，距生烃中心近。烃源岩厚 200～250m，生烃强度为 3000×10⁶～4500×10⁶m³/km²	储层稳定，连片，但物性差，储层以 Ⅲ 类为主，Ⅱ 类少，无 Ⅰ 类。平均孔隙度为 4.2%。平均有效厚度为 32.5m。局限海台地相	3 条 NW-SE 向气源断裂，裂缝发育	岩性-构造复合圈闭，面积中等，闭合度高。圈闭面积为 35.9 km²，最大闭合度为 500m	预测：114.74×10⁸m³；丰度：3.2×10⁸m³/km²

1）岩性岩相是影响成藏的关键因素

气藏剖析表明，川东北飞仙关组鲕滩气藏多为岩性-构造复合圈闭，少数为岩性圈闭。罗家寨、渡口河、铁山坡 3 个大中型气藏均处于台地边缘相带，厚层溶孔白云岩发育，成藏厚度大，优选厚度在 30m 以上，平均孔隙度高达 7%～9%，以 Ⅰ、Ⅱ 类储层为主，其储层分布稳定，对比性好，而与其毗邻的金珠坪，烃源、构造条件类似，但处于局限海台地相，仅发育 Ⅱ、Ⅲ 类储层，尽管有效厚度达 32.5m，但其平均孔隙度仅为 4.2%（表 6.4）。

表 6.4　川东北飞仙关组鲕滩气藏有效厚度测试产能统计表

气藏	井号	有效厚度(H)/m	平均孔隙度(Φ)/%	$H \times \Phi$	测试产能/(10^4m³/d)	无阻流量/(10^4m³/d)
渡口河	渡 1	31.5	9.40	2.96		493
	渡 1 侧	24.89	10.06	2.50	44.52	287
	渡 2	22.9	7.55	1.73	16.9	18
	渡 3	62.68	8.92	5.59	54.18	365
	渡 4	67.59	9.17	6.20	18.36	47

续表

气藏	井号	有效厚度(H)/m	平均孔隙度(Φ)/%	$H \times \Phi$	测试产能/($10^4 m^3$/d)	无阻流量/($10^4 m^3$/d)
	罗家1	29.71	9.00	2.67	45.84	563.94
	罗家2	72.41	9.32	6.75	63.2	265.63
罗家寨	罗家4	5.25	2.86	0.15	1.68	2.02
	罗家6	34.74	3.9	1.35	30.26	91.46
	罗家7	12.88	4.82	0.62	44.96	72.22
	坡1	32.84	7.68	2.52	36.58	40
铁山坡	坡2	142.48	7.33	10.44	105.83	136
	坡4	35.6	4.96	1.76	6.71	
金珠坪	金珠1	32.5	4.28	1.39	7.22	

2) 发育的气源断裂和裂缝系统是成藏的必要条件

烃源研究认为，飞仙关组自身生烃能力有限，其鲕滩气藏的烃主要来自下伏二叠系地层。因此，气源断裂是成藏的必要条件。尽管各气藏断层规模，数量有差异，但均至少存在一条断开二叠系至飞仙关组的断层，如罗家寨的罗①、罗②断层，渡口河的温21号断层，双家坝的罗⑧号断层等，这些气源断裂的发育不仅提供了气源通道，而且使与之伴生的裂缝、微裂缝发育，进一步改善了储层的输导能力，增大形成气藏的可能性。

储层类型均为裂缝-孔隙型，对低渗透气藏如金珠坪，裂缝的发育尤显重要。川东北位处川东高陡构造与大巴山接合部位，该处受多期、多方向构造叠加作用，断层及裂缝系统极其发育，为川东北形成飞仙关组鲕滩气藏提供了良好的通道条件。

3) 圈闭和烃源条件影响气藏的大小

构造和圈闭是油气储集的场所，直接控制着成藏规模。川东北飞仙关组鲕滩气藏属构造-岩性、岩性气藏。圈闭规模与气藏大小(主要指储量规模)有明显关系，表现出正相关态势(表6.3)。罗家寨气藏圈闭面积为76.9km²，储量最大，为581.08×10⁸m³；渡口河气藏圈闭面积次之，为69.53km²，其储量也次之，为441.8×10⁸m³(探明+预测)。

此外，烃源条件也对气藏规模有一定影响。研究表明，川东北飞仙关组鲕滩气藏烃源充足。其烃源岩厚度大多超过100m，生烃强度多超过2000×10⁶m³/km²，已初步具备形成大中型气藏的烃源基础，因而其烃源已不是影响气藏的主控因素。但由于整个川东北地区鲕滩储层发育的非均质性，烃类以垂向运移为主，生烃强度直接影响充注能力和气藏规模，在相同条件下，生烃强度越大，充注能力越强，气藏规模越大。而飞仙关组鲕滩气藏并非自生自储气藏，距生烃中心的距离(远近)对成藏规模有一定影响。罗家寨、金珠坪、铁山坡分别获得天然气储量581.08×10⁸m³、271.65×10⁸m³、184.05×10⁸m³，表明罗家寨构造带上的天然气资源量最丰富，其次是渡口河、金珠坪和铁山坡。虽然一个构造带上天然气资源量受多种因素制约，但从烃源岩厚度、生烃强度看，川东北飞仙关组鲕滩气藏与距生烃中心的距离及其烃源岩厚度、生烃强度有一定关系。由此可见，烃源条件对气藏规模有一定影响。

2. 成藏模式

通过对四川盆地东北部地区飞仙关鲕滩气藏条件的分析，结合本区的烃源岩热演化史，构造及圈闭发展史，储层孔、缝演化史，以及烃类运聚史在地质历史时期中的配置关系，揭示出飞仙关组鲕滩气藏均经历了两次成藏过程，其成藏的关键时期主要为印支期—燕山期、喜马拉雅期。成藏模式按现今圈闭类型的差异基本可分为岩性-构造复合圈闭、岩性圈闭两种类型。

1) 岩性-构造气藏的成藏模式

四川盆地自震旦纪以来至少经历了十多次地壳运动，除喜马拉雅运动表现为强烈褶断外，其余均以振荡运动为主，形成大隆大拗的古构造格局。从与区内飞仙关组烃类热演化史配套情况看，其中印支期—燕山期形成的古构造对区内古油气藏的形成具有控制作用。它们与台地边缘、台地相飞仙关组鲕滩储层叠合后形成的大型岩性-构造复合圈闭，为飞仙关组烃类早期聚集，形成早期古油藏提供了良好的圈闭。烃源岩热演化史表明，晚三叠世末—早侏罗世末为成油高峰期，此时产生的第一期埋藏溶蚀作用形成早期孔隙(主要是晶间溶孔、粒间溶孔、溶缝，孔径一般较小)溶扩、沟通。这些孔隙中常见到全充填、半充填及微充填的沥青，说明孔隙发育时期与区内液态烃运聚相吻合。而隆起高部位及上斜坡地带是第一期埋藏溶蚀作用发育的有利地带，为液态烃早期富集提供了良好空间。晚三叠世末(印支运动晚期)构造的隆起幅度已达 900m，在浮力和水动力的作用下，飞仙关组储层的油气自古洼陷向古构造高部位聚集。同时，上覆岩层的沉积厚度已达 2000m 左右，具有良好的封盖能力。由于圈闭的形成，烃源岩的热演化，孔、洞、缝演化及油气运聚在时空上的良好搭配，在印支晚期—燕山早期形成的构造-岩性古圈闭中，就形成了初具规模的古油藏。中侏罗世—白垩纪为成气高峰期，聚集在构造-岩性古圈闭中的烃类进一步演化热裂解为天然气。在古油藏深埋热解破坏后，在储层内被沥青充填后剩余孔隙的基础上发生了第二期埋藏溶蚀作用，这期埋藏溶蚀作用与液态烃裂解及硫酸盐热化学还原过程中产生的 H_2S 有关。川东北地区飞仙关组是富石膏的地层，地层水中含大量 SO_4^{2-}，在深埋、高温阶段，液态烃裂解产生的 CH_4 或干酪根热裂解生成的 CH_4 与 SO_4^{2-} 反应，生成大量的 H_2S，这种 H_2S 对碳酸盐具有强烈的腐蚀作用。第二期埋藏溶解孔明显较第一期的大，它们可能扩大第一期的孔隙、裂缝并切割第一期的孔渗系统，其内没有充填沥青或包含第一期溶孔内的沥青。第二期埋藏溶蚀孔是现今鲕滩气藏储层中的主要储集空间，而此时川东北地区的古构造继承发展并保存下来，孔隙、圈闭的形成与成气高峰在时空上的有利搭配，在川东北地区形成了大型的岩性-构造复合圈闭气藏，这就是川东北地区飞仙关组印支期—燕山期早期气藏(第一次成藏)的形成过程。

白垩纪末期的喜马拉雅运动，四川盆地全面褶皱，在川东地区形成了褶皱强度大的隔挡式高陡构造带及伴生的纵逆断层，在川东北地区腹地飞仙关组储层内，也形成了许多不同类型的岩性-构造复合圈闭、构造圈闭；同时，促使先前形成的大型的岩性-构造古气藏解体破坏，天然气重新分配并运移聚集至喜马拉雅期形成的圈闭内进行第二次成藏。

岩性-构造气藏成藏模式特点是，早期成藏在印支期—燕山期形成的古气藏的高部位及上斜坡，因此，能优先捕集古气藏的天然气，喜马拉雅期褶皱后进一步形成新的岩性-构造复合圈闭，且古今前后形成的圈闭类型相似，均为构造-岩性复合圈闭，分布位置大体一致，表明早期聚集在岩性-构造古圈闭储层中烃类进一步热裂解生成的天然气被现今圈闭继承。这类圈闭的储层分布范围大，且横向较稳定，闭合度高，其闭合面积及闭合高度将明显大于气藏本身。气藏的气充满度高，天然气常超越最低圈闭线形成大型的岩性-构造复合圈闭气藏，这类成藏模式符合大中型飞仙关气藏(图 6.23)，如已探明罗家寨、渡口河气藏。

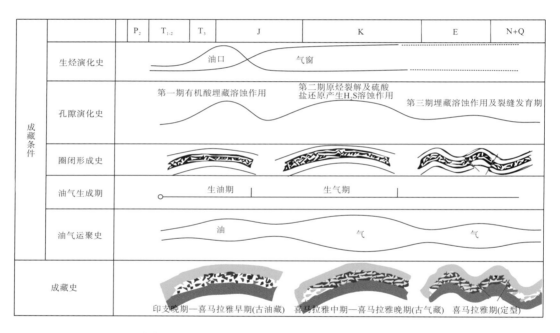

图 6.23　飞仙关组岩性-构造复合圈闭气藏成藏模式

2) 岩性气藏的成藏模式

岩性气藏成藏时期和成藏过程与前述岩性-构造气藏一致，也具有两次成藏过程，早期成藏仍然是印支晚期—燕山期，晚期成藏是(第二次成藏)在喜马拉雅期(图 6.24)，仅圈闭类型不同，这类气藏的圈闭中鲕滩储层的分布连续性差，呈大小不等的透镜体，储层沿上倾方向尖灭形成具有单斜背景的岩性圈闭气藏，或喜马拉雅运动改造较弱低缓背斜(倾角小于 10°)控制的小型鲕滩气藏。这类气藏主要位于川东腹地内的高斜构造两翼或向斜中，如龙门气藏、双家坝气藏等。需要指出的是，由于区内浅层 J、K 地层绝大部分已遭受后期的剥蚀，给古构造的恢复带来了一定的难度，且飞仙关组总体勘探程度还很低，钻井绝大部分集中在构造高部位，因此有关鲕滩气藏成藏过程的研究有待进一步的深化。

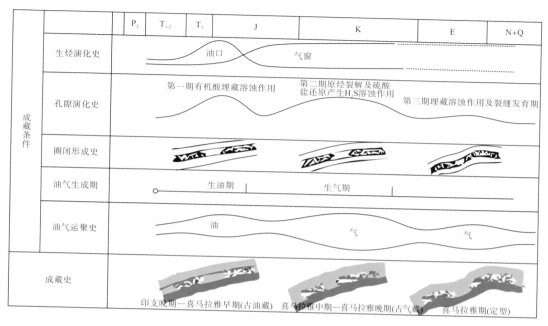

图 6.24 飞仙关组岩性圈闭气藏成藏模式

6.5 共生体系油气地质意义

白云岩-蒸发岩共生体系与油气藏之间存在密切的联系(黄成刚等，2017)，作为储层的白云岩绝大多数都是交代成因白云岩(鲁新川等，2015)，储层非均质性强，储集空间复杂，孔渗关系和白云石化作用密切相关，白云石化作用会使得岩石体积减小，孔隙度增加，有利于储层储渗空间的形成，在后期油气运移和聚集中起着关键作用(马永生等，2019)。蒸发岩与白云岩优质储层的形成紧密相关，蒸发岩不仅可以作为优质盖层，有利于油气成藏，并且在油气的运移和聚集上有着一定的作用，蒸发岩形成时的沉积环境有利于有机质生烃和保存。

对于共生体系下蒸发岩对白云岩储层的影响，前人开展了大量研究，蒸发岩对白云岩储层形成既有建设性作用又有破坏性作用。建设性作用如蒸发岩形成环境可提供白云石化所需的富镁流体，石膏或硬石膏形式的硫酸盐沉淀会带走 Ca，提高 Mg/Ca 比值，从而推动白云石化过程(Sarg，1981)。黄思静等(1996)进行了石膏对白云岩溶解影响的实验模拟研究，认为在近地表和埋藏阶段早期，发育于蒸发岩下的白云岩储层具有更好的次生孔隙，卤水下渗到碳酸盐岩岩层中发生白云石化可以提高碳酸盐岩储层的物性与储集性能。破坏性作用一方面体现为蒸发岩的溶解会促进去白云石化的发生，Hallenberger 等(2018)对德国 Zechstein 盆地的共生体系进行研究发现，根据化学反应计量比、盐度和温度，每生成 $1m^3$ 硬石膏，可能会有 $2.8 \times 10^{-3} \sim 6.2 \times 10^{-3} m^3$ 的白云石发生去白云石化。Raines 和 Dewers(1997)研究了美国俄克拉何马州岩溶区与共生体系相关的白云石化与去白云石化作用。另一方面，蒸发岩会降低白云岩的孔隙度与渗透率，使得储层品质下降。

研究表明，大多数碳酸盐岩油气资源赋存于共生体系下的白云岩中，世界上最大的10 个气田中的诺斯气田和南帕斯气田主力储层岩性都是白云岩(Sun，1995)。四川盆地古生界—中生界发现了分布范围广泛的白云岩-蒸发岩共生岩层，并显示出较强的油气储集性能，如寒武系沧浪铺组、洗象池组、龙王庙组(徐安娜等，2016)，三叠系雷口坡组(孟昱璋，2011)、嘉陵江组(张琼，2021)、飞仙关组(李晨睿，2017)等。

相关研究认为，共生体系下蒸发岩与油气的生成有重要的关系，蒸发岩的形成环境有机质产量很高，可以作为烃源岩。有学者提出古代蒸发盆地成烃模式，蒸发岩多形成于局限封闭的环境中，全球海平面下降，水体变浅，加之干旱炎热的气候条件导致蒸发岩沉积，但是海平面的旋回变化又会使水体变深，使得暗色泥岩沉积下来，而此时的水体环境多为缺氧还原环境，可以有效地保存泥岩，因此便形成了良好的烃源岩。蒸发岩的形成环境利于烃源岩的发育，而且其具有高的热导率，有利于油气的形成，其作为加热器能够加速盐上烃源岩和抑制盐下烃源岩的成熟，扩大生油窗，近年来，巴西桑托斯(Santos)盆地盐下油气藏勘探取得了重大突破，其岩性组合中巨厚盐岩的存在在很大程度上延缓了共生体系中盐下烃源岩的热演化程度，扩大了盐下生油窗的范围。

此外，蒸发岩的沉积对储层的形成与保存也有一定的作用。蒸发岩由于热导率较高，其下地层热量容易散出，抑制了储层的成岩和胶结作用，使原生孔隙得以保存。石膏脱水也可以改善碳酸盐岩储层的储集性能。当埋深超过 1000m 时，石膏会脱去结晶水转化为硬石膏，伴随富含有机酸的结晶水的释放，在高温高压作用下对储层有溶蚀增孔作用，形成次生孔隙。同时由于石膏向硬石膏转变时大量脱水，体积将减少约三分之一，这有助于晶间孔的形成。

此外，在一定条件下膏盐岩可与烃类发生硫酸盐热化学还原(TSR)反应，产生硫化氢溶蚀储层，从而在碳酸盐岩深部形成一个 TSR 作用的次生孔隙发育带。川东北飞仙关组储层气藏具有高含硫特征，H_2S 含量一般在 $10\% \sim 15\%$(朱光有等，2006)，在白云岩-蒸发岩共生体系中，TSR 作用会导致 H_2S 富集，并使白云岩的物理性质发生改变，从而改变白云岩油气储集性能(张水昌等，2011)。在成藏期，高成熟度的烃类组分进入储层后，与膏盐岩发生 TSR 反应产生 H_2S，进而产生次生孔隙(朱光有等，2006；Jiang et al.，2018)，有利于形成优质储层。另外，石膏是易溶矿物，成层的石膏被溶蚀后，可使上覆的碳酸盐岩发生坍塌，形成角砾型储层，促进角砾型和裂缝型储层发育；底辟作用也可产生大量构造裂缝。因此也有研究者认为在一定条件下，膏盐岩也可以作为油气储集层。

参 考 文 献

包洪平, 杨帆, 蔡郑红, 等, 2017. 鄂尔多斯盆地奥陶系白云岩成因及白云岩储层发育特征[J]. 天然气工业, 37(1): 32-45.

常晓琳, 石和, 罗威, 等, 2010. 川东地区下-中三叠统的锶同位素曲线及年代地层划分[J]. 成都理工大学学报(自然科学版), 37(1): 9-14.

陈安清, 王立成, 姬广建, 等, 2015. 川东北早-中三叠世聚盐环境及海水浓缩成钾模式[J]. 岩石学报, 31(9): 2757-2769.

陈果, 2005. 川东北飞仙关组石膏成因和分布与储层发育的关系[D]. 成都: 西南石油学院.

陈琪, 胡文瑄, 李庆, 等, 2012. 川东北盘龙洞长兴组—飞仙关组白云岩化特征及成因[J]. 石油与天然气地质, 33(1): 84-93.

戴金星, 倪云燕, 刘全有, 等, 2021. 四川超级气盆地[J]. 石油勘探与开发, 48(6): 1081-1088.

淡永, 2011. 川东北须家河组物源分析与沉积体系研究[D]. 成都: 成都理工大学.

党洪艳, 2010. 川西坳陷中段须家河组天然气地化特征与气源追踪[D]. 成都: 成都理工大学.

董杰, 2018. 四川江油地区下三叠统飞仙关组碳酸盐岩成岩作用研究[D]. 成都: 成都理工大学.

杜金虎, 潘文庆, 2016. 塔里木盆地寒武系盐下白云岩油气成藏条件与勘探方向[J]. 石油勘探与开发, 43(3): 327-339.

杜金虎, 汪泽成, 邹才能, 等, 2016. 上扬子克拉通内裂陷的发现及对安岳特大型气田形成的控制作用[J]. 石油学报, 37(1): 1-16.

樊奇, 樊太亮, 李清平, 等, 2021. 塔里木盆地寒武系膏盐岩沉积特征与发育模式[J]. 石油实验地质, 43(2): 217-226.

冯强汉, 许淑梅, 池鑫琪, 等, 2021. 鄂尔多斯盆地西部下古生界风化壳优质储集层发育规律及成因机制: 以桃2区块马家沟组马五$_{1+4}$亚段为例[J]. 古地理学报, 23(4): 837-854.

冯增昭, 1982. 碳酸盐岩分类[J]. 石油学报, 3(1): 11-18, 96-98.

付斯一, 2019. 鄂尔多斯盆地中东部奥陶系马家沟组五段盐下白云岩成因及储层形成机理[D]. 成都: 成都理工大学.

付斯一, 张成弓, 陈洪德, 等, 2019. 鄂尔多斯盆地中东部奥陶系马家沟组五段盐下白云岩储集层特征及其形成演化[J]. 石油勘探与开发, 46(6): 1087-1098.

龚大兴, 2016. 四川盆地三叠纪成盐环境、成钾条件及成因机制[D]. 成都: 成都理工大学.

顾志翔, 何幼斌, 彭勇民, 等, 2019. 四川盆地下寒武统膏盐岩"多潟湖"沉积模式[J]. 沉积学报, 37(4): 834-846.

管树巍, 梁瀚, 姜华, 等, 2022. 四川盆地中部主干走滑断裂带及伴生构造特征与演化[J]. 地学前缘, 29(6): 252-264.

郭凯, 程晓东, 范乐元, 等, 2016. 滨里海盆地东缘北特鲁瓦地区白云岩特征及其储层发育机制[J]. 沉积学报, 34(4): 747-757.

郭彤楼, 王勇飞, 叶素娟, 等, 2022. 四川盆地中江气田成藏条件及勘探开发关键技术[J]. 石油学报, 43(1): 141-155.

韩征, 辛文杰, 1995. 准同生白云岩形成机理及其储集性-以鄂尔多斯地区下古生界主力气层白云岩为例[J]. 地学前缘, (4): 226-230, 247.

何登发, 贾承造, 童晓光, 等, 2004. 叠合盆地概念辨析[J]. 石油勘探与开发, 31(1): 1-7.

何登发, 管树巍, 张水昌, 等, 2016. 上扬子克拉通北部晚古生代—中三叠世大陆边缘盆地的形成与演化[J]. 地质科学, 51(2): 329-353.

何登发, 李德生, 王成善, 等, 2020. 活动论构造古地理的研究现状、思路与方法[J]. 古地理学报, 22(1): 1-28.

何镜宇, 孟祥化, 1987. 沉积岩和沉积相模式及建造[M]. 北京: 地质出版社.

何治亮, 陆建林, 林娟华, 等, 2022. 中国海相盆地原型-改造分析与油气有序聚集模式[J]. 地学前缘, 29(6): 60-72.

赫云兰, 刘波, 秦善, 2010. 白云石化机理与白云岩成因问题研究[J]. 北京大学学报(自然科学版), 46(6): 1010-1020.

胡安平, 沈安江, 杨翰轩, 等, 2019. 碳酸盐岩-膏盐岩共生体系白云岩成因及储盖组合[J]. 石油勘探与开发, 46(5): 916-928.

胡光明, 纪友亮, 张亚京, 2006. 陆相盐湖层序地层学研究简述[J]. 盐湖研究, 14(1): 55-59.

胡忠贵, 郑荣才, 胡九珍, 等, 2009. 川东—渝北地区黄龙组白云岩储层稀土元素地球化学特征[J]. 地质学报, 83(6): 782-790.

黄成刚, 倪祥龙, 马新民, 等, 2017. 致密湖相碳酸盐岩油气富集模式及稳产、高产主控因素: 以柴达木盆地英西地区为例[J]. 西北大学学报(自然科学版), 47(5): 724-738.

黄道军, 钟寿康, 张道锋, 等, 2021. 蒸发背景沉积序列精细刻画及沉积学解译: 以鄂尔多斯盆地中部中奥陶统马五$_6$亚段为例[J]. 古地理学报, 23(4): 735-755.

黄涵宇, 2018. 川东南地区古隆起形成演化及其控油气作用[D]. 北京: 中国地质大学.

黄可可, 黄思静, 兰叶芳, 等, 2013. 早三叠世海相碳酸盐碳同位素研究进展[J]. 地球科学进展, 28(3): 357-365.

黄思静, 1992. 碳酸盐矿物的阴极发光性与其 Fe, Mn 含量的关系[J]. 矿物岩石, 12(4): 74-79.

黄思静, 2010. 碳酸盐岩的成岩作用[M]. 北京: 地质出版社.

黄思静, 杨俊杰, 张文正, 等, 1996. 石膏对白云岩溶解影响的实验模拟研究[J]. 沉积学报, 14(1): 103-109.

黄思静, 张萌, 孙治雷, 等, 2006. 川东 L2 井三叠系飞仙关组碳酸盐样品的锶同位素年龄标定[J]. 成都理工大学学报(自然科学版), 33(2): 111-116.

黄思静, 王春梅, 黄培培, 等, 2008. 碳酸盐成岩作用的研究前沿和值得思考的问题[J]. 成都理工大学学报(自然科学版), (1): 1-10.

黄思静, 佟宏鹏, 刘丽红, 等, 2009. 川东北飞仙关组白云岩的主要类型、地球化学特征和白云化机制[J]. 岩石学报, 25(10): 2363-2372.

黄思静, 黄喻, 兰叶芳, 等, 2011. 四川盆地东北部晚二叠世—早三叠世白云岩与同期海水锶同位素组成的对比研究[J]. 岩石学报, 27(12): 3831-3842.

黄熙, 2013. 四川盆地三叠纪盐盆富钾卤水富集规律[D]. 北京: 中国地质大学.

黄勇, 魏志红, 邓金花, 等, 2011. 川东北飞仙关组白云岩成因及其次生孔隙[J]. 成都理工大学学报(自然科学版), 38(3): 263-270.

霍飞, 2019. 川东北地区长兴-飞仙关组礁滩储层特征及主控因素研究[D]. 成都: 西南石油大学.

江文剑, 侯明才, 邢凤存, 等, 2016. 川东南地区娄山关群白云岩稀土元素特征及其意义[J]. 石油与天然气地质, 37(4): 473-482.

蒋华川, 张本健, 刘四兵, 等, 2023. 四川盆地广安—石柱古隆起的发现及油气地质意义[J]. 石油学报, 44(2): 270-284.

金之钧, 龙胜祥, 周雁, 等, 2006. 中国南方膏盐岩分布特征[J]. 石油与天然气地质, 27(5): 571-583, 593.

金之钧, 周雁, 云金表, 等, 2010. 我国海相地层膏盐岩盖层分布与近期油气勘探方向[J]. 石油与天然气地质, 31(6): 715-724.

景帅, 2020. 塔里木盆地巴楚隆起带寒武系白云岩岩相与地球化学特征[D]. 西安: 西安石油大学.

李晨睿, 2017. 川东北地区长兴-飞仙关组沉积相研究[D]. 成都: 西南石油大学.

李丹丹, 2017. 寒武纪海洋化学组成变化与早期动物演化的相互作用[D]. 合肥: 中国科学技术大学.

李峰峰, 郭睿, 刘立峰, 等, 2021. 伊拉克 M 油田白垩系 Mishrif 组潟湖环境碳酸盐岩储集层成因机理[J]. 地球科学, 46(1): 228-241.

李国蓉, 刘正中, 谢子潇, 等, 2020. 四川盆地西部雷口坡组非热液成因鞍形白云石的发现及意义[J]. 石油与天然气地质, 41(1): 164-176.

李华梅, 王俊达, Heller F, 等, 1988. 四川广元上寺二叠-三叠系界限剖面的古地磁研究[J]. 科学通报(8): 612-615.

李建忠, 谷志东, 鲁卫华, 等, 2021. 四川盆地海相碳酸盐岩大气田形成主控因素与勘探思路[J]. 天然气工业, 41(6): 13-26.

李亮, 2023. 川东北下三叠统飞仙关组白云岩-蒸发岩共生体系下白云岩形成机制[D]. 成都: 成都理工大学.

李平平, 王淳, 邹华耀, 等, 2021. 团簇同位素在白云岩化流体恢复中的应用与局限性[J]. 石油与天然气地质, 42(3): 738-746.

李志明, 徐二社, 范明, 等, 2010. 普光气田长兴组白云岩地球化学特征及其成因意义[J]. 地球化学, 39(4): 371-380.

林雄, 2011. 古氧相分析在黄骅拗陷歧南次凹沙河街组沉积环境研究中的应用[J]. 成都理工大学学报(自然科学版), 38(6): 651-655.

刘宝珺, 徐新煌, 余光明, 等, 1980. 初论层状菱铁矿矿床的沉积环境和形成作用[J]. 地质与勘探, 16(6): 19-26.

刘嘉庆, 李忠, 颜梦珂, 等, 2020. 塔里木盆地塔中地区下奥陶统白云岩的成岩流体演化: 来自团簇同位素的证据[J]. 石油与天然气地质, 41(1): 68-82.

刘建强, 罗冰, 谭秀成, 等, 2012. 川东北地区飞仙关组台缘带鲕滩分布规律[J]. 地球科学, 37(4): 805-812, 813, 814.

刘丽红, 高永进, 王丹丹, 等, 2021. 塔里木盆地寒武系膏盐岩对盐下白云岩储层的影响[J]. 岩石矿物学杂志, 40(1): 109-120.

刘树根, 王世玉, 孙玮, 等, 2013. 四川盆地及其周缘五峰组—龙马溪组黑色页岩特征[J]. 成都理工大学学报(自然科学版), 40(6): 621-639.

刘文栋, 钟大康, 尹宏, 等, 2021. 川西北栖霞组超深层白云岩储层特征及主控因素[J]. 中国矿业大学学报, 50(2): 342-362.

刘文汇, 赵恒, 刘全有, 等, 2016. 膏盐岩层系在海相油气藏中的潜在作用[J]. 石油学报, 37(12): 1451-1462.

刘小平, 潘清华, 李婷, 等, 2015. 世界古老海相碳酸盐岩大油气田形成与分布特征[C]//孟宪来. 中国地质学会 2015 学术年会论文摘要汇编(中册), 西安: 中国地质学会.

刘志波, 邢凤存, 胡华蕊, 等, 2021. 四川盆地下奥陶统桐梓组白云岩多元成因[J]. 地球科学, 46(2): 583-599.

卢炳雄, 郑荣才, 梁西文, 等, 2015. 川东地区侏罗系自流井组大安寨段页岩气(油)储层评价[J]. 石油与天然气地质, 36(3): 488-496.

鲁新川, 孙东, 夏维民, 等, 2015. 准噶尔盆地西北缘二叠系风城组白云岩化作用及其对储层影响[J]. 天然气地球科学, 26(S2): 52-62.

罗志立, 金以钟, 朱夔玉, 等, 1988. 试论上扬子地台的峨眉地裂运动[J]. 地质论评, 34(1): 11-24.

马新华, 李国辉, 应丹琳, 等, 2019. 四川盆地二叠系火成岩分布及含气性[J]. 石油勘探与开发, 46(2): 216-225.

马永生, 牟传龙, 郭彤楼, 等, 2005. 四川盆地东北部飞仙关组层序地层与储层分布[J]. 矿物岩石, 25(4): 73-79.

马永生, 蔡勋育, 赵培荣, 2011. 深层、超深层碳酸盐岩油气储层形成机理研究综述[J]. 地学前缘, 18(4): 181-192.

马永生, 蔡勋育, 赵培荣, 2014. 元坝气田长兴组—飞仙关组礁滩相储层特征和形成机理[J]. 石油学报, 35(6): 1001-1011.

马永生, 何治亮, 赵培荣, 等, 2019. 深层-超深层碳酸盐岩储层形成机理新进展[J]. 石油学报, 40(12): 1415-1425.

梅冥相, 2012. 从 3 个科学理念简论沉积学中的"白云岩问题"[J]. 古地理学报, 14(1): 1-12.

孟昱璋, 2011. 四川盆地喜陵江组岩相古地理与天然气成藏研究[D]. 成都: 成都理工大学.

裴森奇, 王兴志, 李荣容, 等, 2021. 台地边缘滩相埋藏白云石化作用及其油气地质意义: 论四川盆地西北部中二叠统栖霞组白云岩的成因[J]. 天然气工业, 41(4): 22-29.

强子同, 曾德铭, 王兴志, 等, 2012. 川东北下三叠统飞仙关组鲕粒滩白云岩同位素地球化学特征[J]. 古地理学报, 14(1): 13-20.

任影, 钟大康, 高崇龙, 等, 2016. 川东寒武系龙王庙组白云岩地球化学特征、成因及油气意义[J]. 石油学报, 37(9): 1102-1115.

尚培, 2019. 塔里木盆地北部塔河地区奥陶系成岩流体演化与油气成藏的耦合关系[D]. 武汉: 中国地质大学.

沈安江, 周进高, 辛勇光, 等, 2008. 四川盆地雷口坡组白云岩储层类型及成因[J]. 海相油气地质, 13(1): 19-28.

史卜庆, 王兆明, 万仑坤, 等, 2021. 2020 年全球油气勘探形势及 2021 年展望[J]. 国际石油经济, 29(3): 39-44.

苏中堂, 陈洪德, 徐粉燕, 等, 2011. 鄂尔多斯盆地马家沟组白云岩地球化学特征及白云岩化机制分析[J]. 岩石学报, 27(8): 2230-2238.

孙春燕, 胡明毅, 胡忠贵, 2017. 川东北达川—万县地区下三叠统飞仙关组层序地层研究[J]. 岩性油气藏, 29(4): 30-37.

孙旭东, 郑求根, 郭兴伟, 等, 2021. 巴西桑托斯盆地构造演化与油气勘探前景[J]. 海洋地质前沿, 37(2): 37-45.

童崇光, 1992. 四川盆地构造演化与油气聚集[M]. 北京: 地质出版社.

汪建国, 陈代钊, 严德天, 2009. 重大地质转折期的碳、硫循环与环境演变[J]. 地学前缘, 16(6): 33-47.

王东旭, 曾溅辉, 宫秀梅, 2005. 膏盐岩层对油气成藏的影响[J]. 天然气地球科学, 16(3): 329-333.

王金艺, 金振奎, 2022. 微生物白云岩形成机理、识别标志及存在的问题[J]. 沉积学报, 40(2): 350-359.

王兰生, 邹春艳, 郑平, 等, 2009. 四川盆地下古生界存在页岩气的地球化学依据[J]. 天然气工业, 29(5): 59-62.

王立成, 刘成林, 张华, 2013. 华南地块震旦纪晚期—早寒武世古大陆位置暨灯影组蒸发岩成钾条件分析[J]. 地球学报, 34(5): 585-593.

王文楷, 许国明, 宋晓波, 等, 2017. 四川盆地雷口坡组膏盐岩成因及其油气地质意义[J]. 成都理工大学学报(自然科学版), 44(6): 697-707.

王小林, 胡文瑄, 张军涛, 等, 2016. 塔里木盆地和田1井中寒武统膏岩层段发现原生白云石[J]. 地质论评, 62(2): 419-433.

王晓晓, 韩作振, 李明慧, 等, 2020. 柴达木盆地西部SG-1钻孔中白云石成因探讨[J]. 高校地质学报, 26(5): 520-529.

王兴志, 张帆, 蒋志斌, 等, 2008. 四川盆地东北部飞仙关组储层研究[J]. 地学前缘, 15(1): 117-122.

王一刚, 张静, 刘兴刚, 等, 2005. 四川盆地东北部下三叠统飞仙关组碳酸盐蒸发台地沉积相[J]. 古地理学报, 7(3): 357-371.

王一刚, 文应初, 洪海涛, 2007. 四川盆地三叠系飞仙关组气藏储层成岩作用研究拾零[J]. 沉积学报, 25(6): 831-839.

韦恒叶, 2012. 古海洋生产力与氧化还原指标-元素地球化学综述[J]. 沉积与特提斯地质, 32(2): 76-88.

魏柳斌, 陈洪德, 郭玮, 等, 2021. 鄂尔多斯盆地乌审旗—靖边古隆起对奥陶系盐下沉积与储层的控制作用[J]. 石油与天然气地质, 42(2): 391-400, 521.

文华国, 周刚, 郑荣才, 等, 2017. 四川盆地开江—梁平台棚东侧长兴组白云岩沉积-成岩-成藏系统[J]. 岩石学报, 33(4): 1115-1134.

文华国, 霍飞, 郭佩, 等, 2021. 白云岩-蒸发岩共生体系研究进展及展望[J]. 沉积学报, 39(6): 1321-1343.

文雯, 杨西燕, 向曼, 等, 2023. 四川盆地开江—梁平海槽东侧三叠系飞仙关组鲕滩储层特征及控制因素[J]. 岩性油气藏, 35(2): 68-79.

吴海燕, 梁婷, 曹红霞, 等, 2020. 延安地区奥陶系马家沟组上组合膏盐岩成盐沉积演化模式研究[J]. 地质学报, 94(12): 3819-3829.

吴仕强, 朱井泉, 王国学, 等, 2008. 塔里木盆地寒武-奥陶系白云岩结构构造类型及其形成机理[J]. 岩石学报, 24(6): 1390-1400.

吴兴宁, 吴东旭, 丁振纯, 等, 2020. 鄂尔多斯盆地西缘奥陶系白云岩地球化学特征及成因分析[J]. 海相油气地质, 25(4): 312-318.

吴赟, 2019. 辽宁省石膏矿地质特征、成因及成矿预测[D]. 长春: 吉林大学.

席胜利, 熊鹰, 刘显阳, 等, 2017. 鄂尔多斯盆地中部奥陶系马五盐下沉积环境与海平面变化[J]. 古地理学报, 19(5): 773-790.

夏青松, 黄成刚, 杨雨然, 等, 2021. 四川盆地高石梯—磨溪地区震旦系灯影组储层特征及主控因素[J]. 地质论评, 67(2): 441-458.

夏芝广, 胡忠亚, 刘传, 等, 2021. 蒸发岩非传统稳定同位素研究综述[J]. 地学前缘, 28(6): 29-45.

谢增业, 李志生, 黄志兴, 等, 2008. 川东北不同含硫物质硫同位素组成及 H_2S 成因探讨[J]. 地球化学, 37(2): 187-194.

辛勇光, 周进高, 邓红婴, 2010. 鄂尔多斯盆地南部下奥陶统马家沟组沉积特征[J]. 海相油气地质, 15(4): 1-5.

徐安娜, 胡素云, 汪泽成, 等, 2016. 四川盆地寒武系碳酸盐岩-膏盐岩共生体系沉积模式及储层分布[J]. 天然气工业, 36(6): 11-20.

徐云强, 易娟子, 袁海锋, 等, 2021. 川东龙门构造飞仙关组滩相储层成岩作用及孔隙演化[J]. 成都理工大学学报(自然科学版), 48(3): 326-336, 376.

严世帮, 2019. 川东北龙会—蒲包山地区石炭系黄龙组储层沉积学特征[D]. 成都: 成都理工大学.

颜开, 刘成林, 王春连, 等, 2021. 刚果盆地西南部白垩纪蒸发岩矿物与古环境特征[J]. 岩石矿物学杂志, 40(3): 525-534.

杨冰, 李佳琦, 杨磊磊, 等, 2014. 渗透回流模式白云石化作用对碳酸盐岩储层的影响[J]. 现代地质, 28(4): 817-823.

杨威, 王清华, 刘效曾, 2000. 塔里木盆地和田河气田下奥陶统白云岩成因[J]. 沉积学报, 18(4): 544-548.

杨威, 魏国齐, 金惠, 等, 2020. 西昌盆地上三叠统白果湾组沉积相与油气勘探前景[J]. 天然气工业, 40(3): 13-22.

杨雨, 谢继效, 文龙, 等, 2023. 四川盆地东北部飞仙关组台缘早期鲕滩带的发现及宣探1井天然气勘探突破意义[J]. 天然气工业, 43(9): 1-13.

姚泾利, 王保全, 王一, 等, 2009. 鄂尔多斯盆地下奥陶统马家沟组马五段白云岩的地球化学特征[J]. 沉积学报, 27(3): 381-389.

于洲, 丁振纯, 王利花, 等, 2018. 鄂尔多斯盆地奥陶系马家沟组五段膏盐下白云岩储层形成的主控因素[J]. 石油与天然气地质, 39(6): 1213-1224.

曾理, 万茂霞, 彭英, 2004. 白云石有序度及其在石油地质中的应用[J]. 天然气勘探与开发, 27(4): 64-66, 72-85.

曾伟, 强平, 黄继祥, 1997. 川东地区嘉陵江组嘉二段储层成因模式[J]. 石油实验地质, 19(1): 82-86.

曾允孚, 夏文杰, 1986. 沉积岩石学[M]. 北京: 地质出版社.

张兵, 郑荣才, 党录瑞, 等, 2010. 川东地区黄龙组碳酸盐岩储层测井响应特征及储层发育主控因素[J]. 天然气工业, 30(10): 13-17, 114.

张国伟, 董云鹏, 赖绍聪, 等, 2003. 秦岭—大别造山带南缘勉略构造带与勉略缝合带[J]. 中国科学: 地球科学, 33(12): 1121-1135.

张国伟, 郭安林, 王岳军, 等, 2013. 中国华南大陆构造与问题[J]. 中国科学: 地球科学, 43(10): 1553-1582.

张杰, 何周, 徐怀宝, 等, 2012. 乌尔禾—风城地区二叠系白云质岩类岩石学特征及成因分析[J]. 沉积学报, 30(5): 859-867.

张静, 张宝民, 单秀琴, 2017. 中国中西部盆地海相白云岩主要形成机制与模式[J]. 地质通报, 36(4): 664-675.

张琼, 2021. 川东地区下三叠统嘉陵江二段白云岩与蒸发岩共生体系成岩作用及成岩流体[D]. 成都: 成都理工大学.

张水昌, 朱光有, 何坤, 2011. 硫酸盐热化学还原作用对原油裂解成气和碳酸盐岩储层改造的影响及作用机制[J]. 岩石学报, 27(3): 809-826.

张学丰, 胡文瑄, 张军涛, 2006. 白云岩成因相关问题及主要形成模式[J]. 地质科技情报, 25(5): 32-40.

张永利, 苗卓伟, 巩恩普, 等, 2021. 右江盆地都安组白云岩成因及其地质意义[J]. 东北大学学报(自然科学版), 42(4): 550-560.

张岳桥, 董树文, 李建华, 等, 2011. 中生代多向挤压构造作用与四川盆地的形成和改造[J]. 中国地质, 38(2): 233-250.

赵海彤, 张永生, 邢恩袁, 等, 2018. 陕北盐盆中奥陶统马五段蒸发岩硫同位素特征及其古环境意义[J]. 地质学报, 92(8): 1680-1692.

赵文智, 魏国齐, 杨威, 等, 2017. 四川盆地万源-达州克拉通内裂陷的发现及勘探意义[J]. 石油勘探与开发, 44(5): 659-669.

赵彦彦, 李三忠, 李达, 2019. 碳酸盐(岩)的稀土元素特征及其古环境指示意义[J]. 大地构造与成矿学, 43(1): 141-167.

赵渝, 2010. 龙门山构造特征与演化[J]. 内江科技, 31(11): 124-127.

郑博, 2011. 四川盆地东部五百梯地区长兴组生物礁储层沉积学特征[D]. 成都: 成都理工大学.

郑浩夫, 袁璐璐, 刘波, 等, 2020. 川西南中二叠统中粗晶白云石流体来源分析[J]. 沉积学报, 38(3): 589-597.

郑剑锋, 沈安江, 刘永福, 等, 2013. 塔里木盆地寒武系与蒸发相关的白云岩储层特征及主控因素[J]. 沉积学报, 31(1): 89-98.

郑荣才, 胡忠贵, 冯青平, 2007. 川东北地区长兴组白云岩储层的成因研究[J]. 矿物岩石, 27(4): 78-84.

郑荣才, 耿威, 郑超, 等, 2008. 川东北地区飞仙关组优质白云岩储层的成因[J]. 石油学报, 29(6): 815-821.

郑荣才, 戴朝成, 朱如凯, 等, 2009. 四川类前陆盆地须家河组层序-岩相古地理特征[J]. 地质论评(4): 484-495.

郑荣才, 党录瑞, 郑超, 等, 2010. 川东—渝北黄龙组碳酸盐岩储层的成岩系统[J]. 石油学报, 31(2): 237-245.

郑荣才, 党录瑞, 文华国, 等, 2011. 川东北地区飞仙关组白云岩成岩作用与系统划分[J]. 地球科学, 36(4): 659-669.

郑荣才, 刘萍, 文华国, 2017. 川东北地区飞仙关组和长兴组白云岩成因与成岩-成藏系统[J]. 成都理工大学学报(自然科学版), 44(1): 1-13.

钟治奇, 2017. 柯克亚古近系卡拉塔尔组碳酸盐岩成岩作用及孔隙演化[D]. 成都: 西南石油大学.

周瑞琦, 傅恒, 徐国盛, 等, 2014. 川东北元坝地区飞仙关组碳酸盐岩的岩石类型及成岩作用[J]. 成都理工大学学报(自然科学版), 41(6): 733-742.

朱光有, 戴金星, 张水昌, 等, 2004. 中国含硫化氢天然气的研究及勘探前景[J]. 天然气工业, 24(9): 1-5.

朱光有, 张水昌, 梁英波, 等, 2006. 四川盆地威远气田硫化氢的成因及其证据[J]. 科学通报, 51(23): 2780-2788.

朱筱敏, 2008. 沉积岩石学[M]. 4版. 北京: 石油工业出版社.

邹佐元, 向芳, 沈昕, 等, 2020. 沉积相带控制下的白云岩成因模式及判别特征[J]. 科学技术与工程, 20(15): 5887-5899.

Aali J, Rahimpour-Bonab H, Kamali M R, 2006. Geochemistry and origin of the world's largest gas field from Persian Gulf, Iran[J]. Journal of Petroleum Science and Engineering, 50(3-4): 161-175.

Abrantes F R, Nogueira A A C R, Soares J L, 2016. Permian paleogeography of west-central Pangea: Reconstruction using sabkha-type gypsum-bearing deposits of Parnaíba Basin, Northern Brazil[J]. Sedimentary Geology, 341(15): 175-188.

Adachi N, Ezaki Y, Liu J B, et al., 2019. Late Ediacaran Boxonia-bearing stromatolites from the Gobi-Altay, western Mongolia[J]. Precambrian Research, 334: 105470.

Adams J E, Rhodes M L, 1960. Dolomitization by seepage refluxion[J]. AAPG bulletin, 44(12): 1912-1920.

Allan J R, Wiggins W D, 1993. Dolomite reservoirs: Geochemical techniques for evaluating origin and distribution[M]. Tulsa: American Association of Petroleum Geologists.

Allen P A, 2007. The Huqf Supergroup of Oman: Basin development and context for Neoproterozoic glaciation[J]. Earth-Science Reviews, 84(3-4): 139-185.

Alqattan M A, Budd D A, 2017. Dolomite and dolomitization of the Permian Khuff-C reservoir in Ghawar field, Saudi ArabiaSea[J]. AAPG Bulletin, 101(10): 1715-1745.

Amel H, Jafarian A, Husinec A, et al., 2015. Microfacies, depositional environment and diagenetic evolution controls on the reservoir quality of the Permian Upper Dalan Formation, Kish Gas Field, Zagros Basin[J]. Marine and Petroleum Geology, 67: 57-71.

Amthor J E, Mountjoy E W, Machel H G, 1993. Subsurface dolomites in Upper Devonian Leduc formation buildups, central part of Rimbey-Meadowbrook reef trend, Alberta, Canada[J]. Bulletin of Canadian Petroleum Geology, 41(2): 164-185.

Andreeva P V, 2015. Middle Devonian(Givetian)supratidal sabkha anhydrites from the Moesian Platform(Northeastern Bulgaria)[J]. Carbonates and Evaporites, 30(4): 439-449.

Arenas C, Alonso Zarza A M, Pardo G, 1999. Dedolomitization and other early diagenetic processes in Miocene lacustrine deposits, Ebro Basin (Spain)[J]. Sedimentary Geology, 125(1-2): 23-45.

Arzaghi S, Khosrow-Tehrani K, Afghah M, 2012. Sedimentology and petrography of Paleocene‐Eocene evaporites: The Sachun Formation, Zagros Basin, Iran[J]. Carbonates and evaporites, 27(1): 43-53.

Baban D, Hussein H S, 2016. Characterization of the Tertiary reservoir in Khabbaz Oil Field, Kirkuk area, Northern Iraq[J]. Arabian Journal of Geosciences, 9: 237.

Badiozamani K, 1973. The dorag dolomitization model, application to the middle Ordovician of Wisconsin[J]. Journal of Sedimentary Research, 43(4): 965-984.

Banerjee A, Słowakiewicz M, Majumder T, et al., 2019. A Palaeoproterozoic dolomite(Vempalle Formation, Cuddapah Basin, India)showing Phanerozoic-type dolomitisation[J]. Precambrian Research, 328(9): 9-26.

Bau M, Dulski P, 1996. Distribution of yttrium and rare-earth elements in the Penge and Kuruman iron-formations, Transvaal Supergroup, South Africa[J]. Precambrian Research, 79(1-2): 37-55.

Beardsmore G R, Cull J P, 2001. Crustal heat flow: A guide to measurement and modeling[M]. Cambridge: Cambridge University Press.

Becker F, Bechstädt T, 2006. Sequence stratigraphy of a carbonate-evaporite succession (Zechstein 1, Hessian Basin, Germany) [J]. Sedimentology, 53(5): 1083-1120.

Behar F, Ungerer P, Kressmann S, et al., 1991. Thermal evolution of crude oils in sedimentary basins: Experimental simulation in a confined system and kinetic modeling[J]. Revue de l'Institut Francais du Petrole, 46(2): 151-181.

Beigi M, Jafarian A, Javanbakht M, et al., 2017. Facies analysis, diagenesis and sequence stratigraphy of the carbonate-evaporite succession of the Upper Jurassic Surmeh Formation: Impacts on reservoir quality (Salman Oil Field, Persian Gulf, Iran) [J]. Journal of African Earth Sciences, 129: 179-194.

Bein A, Land L S, 1983. Carbonate sedimentation and diagenesis associated with Mg-Ca-chloride brines; the Permian San Andres Formation in the Texas Panhandle[J]. Journal of Sedimentary Research, 53(1): 243-260.

Bischoff K, Sirantoine E, Wilson M E J, et al., 2020. Spherulitic microbialites from modern hypersaline lakes, Rottnest Island, Western Australia[J]. Geobiology, 18(6): 725-741.

Black T J, 1997. Evaporite Karst of northern lower Michigan[J]. Carbonates and Evaporites, 12(1): 81-83.

Bolhar R, Hofmann A, Siahi M, et al., 2015. A trace element and Pb isotopic investigation into the provenance and deposition of stromatolitic carbonates, ironstones and associated shales of the ~3.0Ga Pongola Supergroup, Kaapvaal Craton[J]. Geochimica et Cosmochimica Acta, 158: 57-78.

Bontognali T R R, McKenzie J A, Warthmann R J, et al., 2014. Microbially influenced formation of Mg-calcite and Ca-dolomite in the presence of exopolymeric substances produced by sulphate-reducing bacteria[J]. Terra Nova, 26(1): 72-77.

Borrelli M, Perri E, Critelli S, et al., 2021. The onset of the Messinian Salinity Crisis in the central Mediterranean recorded by pre-salt carbonate/evaporite deposition[J]. Sedimentology, 68(3): 1159-1197.

Bottrell S H, Newton R J, 2006. Reconstruction of changes in global sulfur cycling from marine sulfate isotopes[J]. Earth-Science Reviews, 75(1-4): 59-83.

Boveiri Konari B, Rastad E, 2018. Nature and origin of dolomitization associated with sulphide mineralization: New insights from the Tappehsorkh Zn-Pb (-Ag-Ba)deposit, Irankuh Mining District, Iran[J]. Geological Journal, 53(1): 1-21.

Budai J M, Lohmann K C, Owen R M, 1984. Burial dedolomite in the Mississippian Madison Limestone, Wyoming and Utah thrust belt[J]. Journal of Sedimentary Research, 54(1): 276-288.

Budd H, 1960. Notes on the Pure Oil Company discovery at northwest Lisbon[C]//Geology of the Paradox Basin Fold and Fault Belt, Third Field Conference.

Buschkuehle B E, Machel H G, 2002. Diagenesis and paleofluid flow in the Devonian Southesk-Cairn carbonate complex in Alberta, Canada[J]. Marine and Petroleum Geology, 19(3): 219-227.

Caffrey M, Hing F S, 1987. A temperature gradient method for lipid phase diagram construction using time-resolved X-ray diffraction[J]. Biophysical journal, 51(1): 37-46.

Calca C P, Fairchild T R, Cavalazzi B, et al., 2016. Dolomitized cells within chert of the Permian Assistência Formation, Paraná Basin, Brazil[J]. Sedimentary Geology, 335: 120-135.

Canfield D E, 1991. Sulfate reduction in deep-sea sediments[J]. American Journal of Science, 291(2): 177-188.

Canfield D E, Raiswell R, Westrich J T, et al., 1986. The use of chromium reduction in the analysis of reduced inorganic sulfur in sediments and shales[J]. Chemical Geology, 54(1-2): 149-155.

Cantrell D, Swart P, Hagerty R, 2004. Genesis and characterization of dolomite, Arab-D reservoir, Ghawar field, Saudi Arabia[J]. GeoArabia, 9(2): 11-36.

Carramal N G, Oliveira D M, Cacela A S M, et al., 2022. Paleoenvironmental insights from the deposition and diagenesis of Aptian pre-salt magnesium silicates from the Lula Field, Santos Basin, Brazil[J]. Journal of Sedimentary Research, 92(1): 12-31.

Caruso A, Pierre C, Blanc-Valleron M M, et al., 2015. Carbonate deposition and diagenesis in evaporitic environments: The evaporative and sulphur-bearing limestones during the settlement of the Messinian Salinity Crisis in Sicily and Calabria[J]. Palaeogeography, Palaeoclimatology, Palaeoecology, 429: 136-162.

Chen D Z, Qing H R, Yan X, et al., 2006. Hydrothermal venting and basin evolution(Devonian, South China): Constraints from rare earth element geochemistry of chert[J]. Sedimentary Geology, 183(3-4): 203-216.

Chen X, Wei M Y, Li X B, et al., 2020. The co-relationship of marine carbonates and evaporites: A study from the Tarim Basin, NW China[J]. Carbonates and Evaporites, 35: 122.

Claypool G E, Holser W T, Kaplan I R, et al., 1980. The age curves of sulfur and oxygen isotopes in marine sulfate and their mutual interpretation[J]. Chemical Geology, 28: 199-260.

Coniglio M, Frizzell R, Pratt B R, 2004. Reef-capping laminites in the Upper Silurian carbonate- to-evaporite transition, Michigan Basin, south-western Ontario[J]. Sedimentology, 51(3): 653-668.

Davies G R, Smith L B Jr, 2006. Structurally controlled hydrothermal dolomite reservoir facies: An overview[J]. AAPG Bulletin, 90(11): 1641-1690.

De Lange G J, Krijgsman W, 2010. Messinian salinity crisis: A novel unifying shallow gypsum/deep dolomite formation mechanism[J]. Marine Geology, 275(1-4): 273-277.

De Lange G J, Boelrijk N A I M, Catalano G, et al., 1990. Sulphate-related equilibria in the hypersaline brines of the Tyro and Bannock Basins, eastern Mediterranean[J]. Marine Chemistry, 31(1-3): 89-112.

Deffeyes K S, Lucia F J, Weylt P K, 1964. Dolomitization: Observations on the Island of Bonaire, Netherlands Antilles[J]. Science, 143(3607): 678-679.

Dela Pierre F, Clari P, Natalicchio M, et al., 2014. Flocculent layers and bacterial mats in the mudstone interbeds of the Primary Lower Gypsum unit (Tertiary Piedmont Basin, NW Italy): Archives of palaeoenvironmental changes during the Messinian salinity crisis[J]. Marine Geology, 355: 71-87.

Dela Pierre F, Natalicchio M, Ferrando S, et al., 2015. Are the large filamentous microfossils preserved in Messinian gypsum colorless sulfide-oxidizing bacteria? [J]. Geology, 43(10): 855-858.

Denison R E, Koepnick R B, Burke W H, et al., 1994. Construction of the Mississippian, Pennsylvanian and Permian seawater ^{87}Sr/^{86}Sr curve[J]. Chemical geology, 112(1-2): 145-167.

Dickson J A D, Kenter J A M, 2014. Diagenetic evolution of selected parasequences across a carbonate platform: Late Paleozoic, Tengiz Reservoir, Kazakhstan[J]. Journal of Sedimentary Research, 84(8): 664-693.

Djunin V I, Korzun A V, 2010. Hydrogeodynamics of oil and gas basins[M]. Dordrecht: Springer.

Dunham R J, 1962. Classification of carbonate rocks according to depositional texture[M]//Ham W E. Classification of carbonate rocks—A symposium. Tulsa: American Association of Petroleum Geologists.

Eckardt F D, Spiro B, 1999. The origin of sulphur in gypsum and dissolved sulphate in the Central Namib Desert, Namibia[J]. Sedimentary Geology, 123(3-4): 255-273.

Ehrenberg S N, Nadeau P H, 2005. Sandstone vs. carbonate petroleum reservoirs: A global perspective on porosity-depth and porosity-permeability relationships[J]. AAPG Bulletin, 89(4): 435-445.

El-Tabakh M, Mory A, Schreiber B C, et al., 2004. Anhydrite cements after dolomitization of shallow marine Silurian carbonates of the Gascoyne Platform, Southern Carnarvon Basin, Western Australia[J]. Sedimentary Geology, 164(1-2): 75-87.

Esteban M, Klappa C F, 1983. Subaerial exposure environment[M]//Scholle P A, Bebout D G, Moore C H. Carbonate depositional environments. Tulsa: American Association of Petroleum Geologists.

Ettayfi N, Bouchaou L, Michelot J L, et al., 2012. Geochemical and isotopic (oxygen, hydrogen, carbon, strontium) constraints for the origin, salinity, and residence time of groundwater from a carbonate aquifer in the Western Anti-Atlas Mountains, Morocco[J]. Journal of Hydrology, 438: 97-111.

Evans D G, Nunn J A, 1989. Free thermohaline convection in sediments surrounding a salt column[J]. Journal of Geophysical Research: Solid Earth, 94(B9): 12413-12422.

Fairbridge R W, 1957. The dolomite question[M]//Blanc R J L, Breeding J G. Regional aspects of carbonate deposition. Tulsa: Society for Sedimentary Geology.

Flügel E, 2010. Microfacies of carbonate rocks: Analysis, interpretation and application[M]. Berlin: Springer.

Folk R L, 1959. Practical Petrographic Classification of Limestones[J]. AAPG Bulletin, 43(1): 1-38.

Fölling P G, Frimmel H E, 2002. Chemostratigraphic correlation of carbonate successions in the Gariep and Saldania Belts, Namibia and South Africa[J]. Basin Research, 14(1): 69-88.

Fontes J C, Matray J M, 1993. Geochemistry and origin of formation brines from the Paris Basin, France: 1. Brines associated with Triassic salts[J]. Chemical Geology, 109(1-4): 149-175.

Frimmel H E, 2009. Trace element distribution in Neoproterozoic carbonates as palaeoenvironmental indicator[J]. Chemical Geology, 258(3-4): 338-353.

Geske A, Zorlu J, Richter D K, et al., 2012. Impact of diagenesis and low grade metamorphosis on isotope (δ^{26}Mg, δ^{13}C, δ^{18}O and ^{87}Sr/^{86}Sr) and elemental (Ca, Mg, Mn, Fe and Sr) signatures of Triassic sabkha dolomites[J]. Chemical Geology, 332: 45-64.

Gibert L, Ortí F, Rosell L, 2007. Plio-Pleistocene lacustrine evaporites of the Baza Basin (Betic Chain, SE Spain)[J]. Sedimentary Geology, 200(1-2): 89-116.

Gregg J M, Sibley D F, 1984. Epigenetic dolomitization and the origin of xenotopic dolomite texture[J]. Journal of Sedimentary Research, 54(3): 908-931.

Gregg J M, Bish D L, Kaczmarek S E, et al., 2015. Mineralogy, nucleation and growth of dolomite in the laboratory and sedimentary environment: A review[J]. Sedimentology, 62(6): 1749-1769.

Grotzinger J, Al-Rawahi Z, 2014. Depositional facies and platform architecture of microbialite-dominated carbonate reservoirs, Ediacaran-Cambrian Ara Group, Sultante of Om[J]. AAPG Bulletin, 98(8): 1453-1494.

Gündogan I, Önal M, Depçi T, 2005. Sedimentology, petrography and diagenesis of Eocene-Oligocene evaporites: The Tuzhisar Formation, SW Sivas Basin, Turkey[J]. Journal of Asian Earth Sciences, 25(5): 791-803.

Gutiérrez F, Mozafari M, Carbonel D, et al., 2015. Leakage problems in dams built on evaporites. The case of La Loteta Dam (NE Spain), a reservoir in a large karstic depression generated by interstratal salt dissolution[J]. Engineering Geology, 185: 139-154.

Habicht K H, Canfield D E, 1997. Sulfur isotope fractionation during bacterial sulfate reduction in organic rich sediments[J]. Geochimica et Cosmochimica Acta, 61(24): 5351-5361.

Haeri-Ardakani O, Al-Aasm I, Coniglio M, 2013. Fracture mineralization and fluid flow evolution: An example from Ordovician-Devonian carbonates, southwestern Ontario, Canada[J]. Geofluids, 13(1): 1-20.

Hallenberger M, Reuning L, Schoenherr J, 2018. Dedolomitization potential of fluids from gypsum-to-anhydrite conversion: Mass balance constraints from the Late Permian zechstein-2-carbonates in NW Germany[J/OL]. Geofluids. https: //doi.org/10.1155/2018/1784821.

Hanshaw B B, Back W, Deike R G, 1971. A geochemical hypothesis for dolomitization by ground water[J]. Economic Geology, 66(5): 710-724.

Hardie L A, 1987. Dolomitization; A critical view of some current views[J]. Journal of Sedimentary Research, 57(1): 166-183.

Harrison A G, Thode H G, 1957. The kinetic isotope effect in the chemical reduction of sulphate[J]. Transactions of the Faraday Society, 53: 1648-1651.

Harvie C E, Møller N, Weare J H, 1984. The prediction of mineral solubilities in natural waters: The Na-K-Mg-Ca-H-Cl-SO$_4$-OH-HCO$_3$-CO$_3$-CO$_2$-H$_2$O system to high ionic strengths at 25℃[J]. Geochimica et Cosmochimica Acta, 48(4): 723-751.

Hauck T E, Corlett H J, Grobe M, et al., 2018. Meteoric diagenesis and dedolomite fabrics in precursor primary dolomicrite in a mixed carbonate-evaporite system[J]. Sedimentology, 65(6): 1827-1858.

He Z H, Liu A H, Javier PeñaR, et al., 2003. Suitability of Chinese wheat cultivars for production of northern style Chinese steamed bread[J]. Euphytica, 131(2): 155-163.

Hill C A, 1995. H$_2$S-related porosity and sulfuric acid oil-field Karst[M]//Budd D A, Saller A H, Harris P M. Unconformities and porosity in carbonate strata. Tulsa: American Association of Petroleum Geologists.

Holland H D, 1972. The geologic history of sea water—An attempt to solve the problem[J]. Geochimica et Cosmochimica Acta, 36(6): 637-651.

Holland H D, Lazar B, McCaffrey M, 1986. Evolution of the atmosphere and oceans[J]. Nature, 320(6057): 27-33.

Horacek M, Richoz S, Brandner R, et al., 2007. Evidence for recurrent changes in Lower Triassic oceanic circulation of the Tethys: The δ^{13}C record from marine sections in Iran[J]. Palaeogeography, Palaeoclimatology, Palaeoecology, 252(1-2): 355-369.

Horita J, 2014. Oxygen and carbon isotope fractionation in the system dolomite-water-CO$_2$ to elevated temperatures[J]. Geochimica et Cosmochimica Acta, 129: 111-124.

Hsü K J, Schneider J, 1973. Progress report on dolomitization—Hydrology of Abu Dhabi sabkhas, Arabian Gulf[C]//Purser B H. The Persian gulf. Berlin: Springer.

Hu A P, Shen A J, Yang H X, et al., 2019. Dolomite genesis and reservoir-cap rock assemblage in carbonate-evaporite paragenesis system[J]. Petroleum Exploration and Development, 46(5): 969-982.

Huang H X, Wen H G, Wen L, et al., 2023. Multistage dolomitization of deeply buried dolomite in the Lower Cambrian Canglangpu Formation, central and northern Sichuan Basin[J]. Marine and Petroleum Geology, 152: 106261.

Huo F, Wang X Z, Wen H G, et al., 2020. Genetic mechanism and pore evolution in high quality dolomite reservoirs of the Changxing-Feixianguan Formation in the northeastern Sichuan Basin, China[J]. Journal of Petroleum Science and Engineering, 194: 107511.

Husinec A, 2016. Sequence stratigraphy of the Red River Formation, Williston Basin, USA: Stratigraphic signature of the Ordovician Katian greenhouse to icehouse transition[J]. Marine and Petroleum Geology, 77: 487-506.

Husinec A, Harvey L A, 2021. Late Ordovician climate and sea-level record in a mixed carbonate-siliciclastic-evaporite lithofacies, Williston Basin, USA[J]. Palaeogeography, Palaeoclimatology, Palaeoecology, 561: 110054.

Jiang L, Worden R H, Cai C, et al., 2014. Dolomitization of gas reservoirs: The upper Permian Changxing and lower Triassic Feixianguan formations, northeast Sichuan Basin, China[J]. Journal of Sedimentary Research, 84(10): 792-815.

Jiang L, Hu S Y, Zhao W Z, et al., 2018. Diagenesis and its impact on a microbially derived carbonate reservoir from the Middle Triassic Leikoupo Formation, Sichuan Basin, China[J]. AAPG Bulletin, 102(12): 2599-2628.

Jones B, 2005. Dolomite crystal architecture: Genetic implications for the origin of the Tertiary dolostones of the Cayman Islands[J]. Journal of Sedimentary Research, 75(2): 177-189.

Jones B, 2007. Inside-out dolomite[J]. Journal of Sedimentary Research, 77(7): 539-551.

Jørgensen B B, 1982. Ecology of the bacteria of the sulphur cycle with special reference to anoxic-oxic interface environments[J]. Philosophical Transactions of the Royal Society of London Series B, Biological Sciences, 298(1093): 543-561.

Kaiho K, Kajiwara Y, Nakano T, et al., 2001. End-Permian catastrophe by a bolide impact: Evidence of a gigantic release of sulfur from the mantle[J]. Geology, 29(9): 815-818.

Kamber B S, Webb G E, 2001. The geochemistry of late Archaean microbial carbonate: Implications for ocean chemistry and continental erosion history[J]. Geochimica et Cosmochimica Acta, 65(15): 2509-2525.

Kampschulte A, Strauss H, 2004. The sulfur isotopic evolution of Phanerozoic seawater based on the analysis of structurally substituted sulfate in carbonates[J]. Chemical Geology, 204(3-4): 255-286.

Kaufman A J, Jacobsen S B, Knoll A H, 1993. The Vendian record of Sr and C isotopic variations in seawater: Implications for tectonics and paleoclimate[J]. Earth and Planetary Science Letters, 120(3-4): 409-430.

Kaufman J, 1994. Numerical models of fluid flow in carbonate platforms; Implications for dolomitization[J]. Journal of Sedimentary Research, 64(1a): 128-139.

Kawabe I, Toriumi T, Ohta A, et al., 1998. Monoisotopic REE abundances in seawater and the origin of seawater tetrad effect[J]. Geochemical Journal, 32(4): 213-229.

Keith M L, Weber J N, 1964. Carbon and oxygen isotopic composition of selected limestones and fossils[J]. Geochimica et Cosmochimica Acta, 28(10-11): 1787-1816.

Kenny R, 1992. Origin of disconformity dedolomite in the Martin Formation (Late Devonian, northern Arizona)[J]. Sedimentary Geology, 78(1-2): 137-146.

Korte C, Kozur H W, 2005. Carbon isotope stratigraphy across the Permian/Triassic boundary at Jolfa (NW-Iran), Peitlerkofel (Sas de Pütia, Sass de Putia), Pufels (Bula, Bulla), Tesero (all three Southern Alps, Italy) and Gerennavár (Bükk Mts., Hungary)[J]. Journal of Alpine Geology, 47: 119-135.

Korte C, Kozur H W, 2010. Carbon-isotope stratigraphy across the Permian-Triassic boundary: A review[J]. Journal of Asian Earth Sciences, 39(4): 215-235.

Korte C, Kozur H W, Bruckschen P, et al., 2003. Strontium isotope evolution of Late Permian and Triassic seawater[J]. Geochimica et Cosmochimica Acta, 67(1): 47-62.

Korte C, Jasper T, Kozur H W, et al., 2006. $^{87}Sr/^{86}Sr$ record of Permian seawater[J]. Palaeogeography, Palaeoclimatology, Palaeoecology, 240(1-2): 89-107.

Kutzbach J E, Gallimore R G, 1989. Pangaean climates: Megamonsoons of the megacontinent[J]. Journal of Geophysical Research: Atmospheres, 94(D3): 3341-3357.

Lehrmann D J, Stepchinski L, Altiner D, et al., 2015. An integrated biostratigraphy (conodonts and foraminifers) and chronostratigraphy (paleomagnetic reversals, magnetic susceptibility, elemental chemistry, carbon isotopes and geochronology) for the Permian-Upper Triassic strata of Guandao section, Nanpanjiang Basin, South China[J]. Journal of Asian Earth Sciences, 108: 117-135.

Li J, Zhang W Z, Luo X, et al., 2008. Paleokarst reservoirs and gas accumulation in the Jingbian field, Ordos Basin[J]. Marine and Petroleum Geology, 25(4-5): 401-415.

Li Q, Jiang Z X, Hu W X, et al., 2016. Origin of dolomites in the Lower Cambrian Xiaoerbulak Formation in the Tarim Basin, NW China: Implications for porosity development[J]. Journal of Asian Earth Sciences, 115: 557-570.

Li M T, Song H J, Algeo T J, et al., 2018. A dolomitization event at the oceanic chemocline during the Permian-Triassic transition[J]. Geology, 46(12): 1043-1046.

Li X F, Gang W Z, Yao J L, et al., 2020. Major and trace elements as indicators for organic matter enrichment of marine carbonate rocks: A case study of Ordovician subsalt marine formations in the central-eastern Ordos Basin, North China[J]. Marine and Petroleum Geology, 111: 461-475.

Li P P, Zou H Y, Yu X Y, et al., 2021. Source of dolomitizing fluids and dolomitization model of the upper Permian Changxing and Lower Triassic Feixianguan formations, NE Sichuan Basin, China[J]. Marine and Petroleum Geology, 125: 104834.

Lin S, Morse J W, 1991. Sulfate reduction and iron sulfide mineral formation in Gulf of Mexico anoxic sediments[J]. American Journal of Science, 291(1): 55-89.

Ling H F, Chen X, Li D, et al., 2013. Cerium anomaly variations in Ediacaran-Earliest Cambrian carbonates from the Yangtze Gorges area, South China: Implications for oxygenation of coeval shallow seawater[J]. Precambrian Research, 225: 110-127.

Liu C, Xie Q B, Wang G W, et al., 2016. Dolomite origin and its implication for porosity development of the carbonate gas reservoirs in the Upper Permian Changxing Formation of the eastern Sichuan Basin, Southwest China[J]. Journal of Natural Gas Science and Engineering, 35: 775-797.

Liu H, Tan X C, Li Y H, et al., 2018. Occurrence and conceptual sedimentary model of Cambrian gypsum-bearing evaporites in the Sichuan Basin, SW China[J]. Geoscience Frontiers, 9(4): 1179-1191.

Liu M J, Xiong Y, Xiong C, et al., 2020. Evolution of diagenetic system and its controls on the reservoir quality of pre-salt dolostone: The case of the Lower Ordovician Majiagou Formation in the central Ordos Basin, China[J]. Marine and Petroleum Geology, 122: 104674.

Loucks R G, Anderson J H, 1985. Depositional facies, diagenetic terranes, and porosity development in Lower Ordovician Ellenburger Dolomite, Puckett field, west Texas[M]//Roehl P O, Choquette P W. Carbonate petroleum reservoirs. New York: Springer.

Lüning S, Gräfe K U, Bosence D, et al., 2000. Discovery of marine Late Cretaceous carbonates and evaporites in the Kufra Basin (Libya) redefines the southern limit of the Late Cretaceous transgression[J]. Cretaceous Research, 21(6): 721-731.

Ma Y S, Guo X S, Guo T L, et al., 2007. The Puguang gas field: New giant discovery in the mature Sichuan Basin, southwest China[J]. AAPG Bulletin, 91 (5): 627-643.

Machel H G, 2004. Concepts and models of dolomitization: A critical reappraisal[M]//Braithwaite C J R, Rizzi G, Darke G. The geometry and petrogenesis of dolomite hydrocarbon reservoirs. London: Geological Society of London.

Machel H G, Buschkuehle B E, 2008. Diagenesis of the Devonian Southesk-Cairn Carbonate Complex, Alberta, Canada: Marine cementation, burial dolomitization, thermochemical sulfate reduction, anhydritization, and squeegee fluid flow[J]. Journal of Sedimentary Research, 78 (5): 366-389.

Mazumdar A, Strauss H, 2006. Sulfur and strontium isotopic compositions of carbonate and evaporite rocks from the late Neoproterozoic-early Cambrian Bilara Group (Nagaur-Ganganagar Basin, India): Constraints on intrabasinal correlation and global sulfur cycle[J]. Precambrian Research, 149 (3-4): 217-230.

McCaffrey M A, Lazar B, Holland H D, 1987. The evaporation path of seawater and the coprecipitation of Br$^-$ and K$^+$ with halite[J]. Journal of Sedimentary Research, 57 (5): 928-937.

Meng F W, Ni P, Schiffbauer J D, et al., 2011. Ediacaran seawater temperature: Evidence from inclusions of Sinian halite[J]. Precambrian Research, 184 (1-4): 63-69.

Meng F W, Zhang Z L, Schiffbauer J D, et al., 2019. The Yudomski event and subsequent decline: New evidence from δ^{34}S data of lower and middle Cambrian evaporites in the Tarim Basin, Western China[J]. Carbonates and Evaporites, 34 (3): 1117-1129.

Meyer K M, Yu M, Jost A B, et al., 2011. δ^{13}C evidence that high primary productivity delayed recovery from end-Permian mass extinction[J]. Earth and Planetary Science Letters, 302 (3-4): 378-384.

Millero F J, 2009. Thermodynamic and kinetic properties of natural brines[J]. Aquatic Geochemistry, 15 (1): 7-41.

Mills R A, Elderfield H, 1995. Rare earth element geochemistry of hydrothermal deposits from the active TAG Mound, 26°N Mid-Atlantic Ridge[J]. Geochimica et Cosmochimica Acta, 59 (17): 3511-3524.

Moore C H, Heydari E, 1993. Burial diagenesis and hydrocarbon migration in platform limestones: A conceptual model based on the Upper Jurassic of the Gulf Coast of the USA[M]//Horbury A D, Robinson A G. Diagenesis and basin development. Tulsa: American Association of Petroleum Geologists.

Moore C H, Wade W J, 2013. Carbonate reservoirs: Porosity and diagenesis in a sequence stratigraphic framework[M]. Amsterdam: Elsevier.

Morrow D W, 1990. Synsedimentary dolospar cementation: A possible Devonian example in the Camsell Formation, Northwest Territories, Canada1[J]. Sedimentology, 37 (4): 763-773.

Nader F H, Swennen R, Keppens E, 2008. Calcitization/dedolomitization of Jurassic dolostones (Lebanon): Results from petrographic and sequential geochemical analyses[J]. Sedimentology, 55 (5): 1467-1485.

Nagy Z R, Somerville I D, Gregg J M, et al., 2005. Lower Carboniferous peritidal carbonates and associated evaporites adjacent to the Leinster Massif, southeast Irish Midlands[J]. Geological Journal, 40 (2): 173-192.

Natalicchio M, Pellegrino L, Clari P, et al., 2021. Gypsum lithofacies and stratigraphic architecture of a Messinian marginal basin (Piedmont Basin, NW Italy) [J]. Sedimentary Geology, 425: 106009.

Newton R J, Pevitt E L, Wignall P B, et al., 2004. Large shifts in the isotopic composition of seawater sulphate across the Permo-Triassic boundary in northern Italy[J]. Earth and Planetary Science Letters, 218 (3-4): 331-345.

Ning M, Lang X G, Huang K J, et al., 2020. Towards understanding the origin of massive dolostones[J]. Earth and Planetary Science Letters, 545: 116403.

Nothdurft L D, Webb G E, Kamber B S, 2004. Rare earth element geochemistry of Late Devonian reefal carbonates, Canning Basin, Western Australia: Confirmation of a seawater REE proxy in ancient limestones[J]. Geochimica et Cosmochimica Acta, 68(2): 263-283.

Parrish J T, 1993. Climate of the supercontinent Pangea[J]. The Journal of Geology, 101(2): 215-233.

Passey B H, Ji H Y, 2019. Triple oxygen isotope signatures of evaporation in lake waters and carbonates: A case study from the western United States[J]. Earth and Planetary Science Letters, 518: 1-12.

Paul S, Dutta S, 2015. Biomarker signatures of Early Cretaceous coals of Kutch Basin, western India[J]. Current Science, 108(2): 211-217.

Paytan A, Kastner M, Campbell D, et al., 1998. Sulfur isotopic composition of Cenozoic seawater sulfate[J]. Science, 282(5393): 1459-1462.

Petrash D A, Bialik O M, Bontognali T R R, et al., 2017. Microbially catalyzed dolomite formation: From near-surface to burial[J]. Earth-Science Reviews, 171: 558-582.

Peyravi M, Rahimpour-Bonab H, Nader F H, et al., 2015. Dolomitization and burial history of lower triassic carbonate reservoir-rocks in the Persian Gulf(Salman offshore field)[J]. Carbonates and Evaporites, 30: 25-43.

Pierson B J, 1981. The control of cathodoluminescence in dolomite by iron and manganese[J]. Sedimentology, 28(5): 601-610.

Pierson T C, Sánchez M D, Puffer B A, et al., 2006. A rapid and quantitative assay for measuring antibody-mediated neutralization of West Nile virus infection[J]. Virology, 346(1): 53-65.

Prasad B, Asher R, Borgohai B, 2010. Late Neoproterozoic (Ediacaran)-Early Paleozoic (Cambrian) Acritarchs from the Marwar Supergroup, Bikaner-Nagaur Basin, Rajasthan[J]. Journal of the Geological Society of India, 75: 415-431.

Prince J K G, Rainbird R H, Wing B A, 2019. Evaporite deposition in the mid-Neoproterozoic as a driver for changes in seawater chemistry and the biogeochemical cycle of sulfur[J]. Geology, 47(4): 375-379.

Qing H R, Mountjoy E W, 1994. Rare earth element geochemistry of dolomites in the Middle Devonian Presqu'ile barrier, Western Canada Sedimentary Basin: Implications for fluid-rock ratios during dolomitization[J]. Sedimentology, 41(4): 787-804.

Qiu X, Wang H M, Yao Y C, et al., 2017. High salinity facilitates dolomite precipitation mediated by Haloferax volcanii DS52[J]. Earth and Planetary Science Letters, 472: 197-205.

Quijada I E, Benito M I, Suarez-Gonzalez P, et al., 2020. Challenges to carbonate-evaporite peritidal facies models and cycles: Insights from Lower Cretaceous stromatolite-bearing deposits (Oncala Group, N Spain)[J]. Sedimentary Geology, 408: 105752.

Raines M A, Dewers T A, 1997. Dedolomitization as a driving mechanism for Karst generation in Permian Blaine Formation, Southwestern Oklahoma, USA[J]. Carbonates and Evaporites, 12: 24-31.

Rameil N, 2008. Early diagenetic dolomitization and dedolomitization of Late Jurassic and earliest Cretaceous platform carbonates: A case study from the Jura Mountains (NW Switzerland, E France)[J]. Sedimentary Geology, 212(1-4): 70-85.

Riccardi A L, Arthur M A, Kump L R, 2006. Sulfur isotopic evidence for chemocline upward excursions during the end-Permian mass extinction[J]. Geochimica et Cosmochimica Acta, 70(23): 5740-5752.

Riechelmann S, Mavromatis V, Buhl D, et al., 2020. Controls on formation and alteration of early diagenetic dolomite: A multi-proxy $\delta^{44/40}$Ca, δ^{26}Mg, δ^{18}O and δ^{13}C approach[J]. Geochimica et Cosmochimica Acta, 283: 167-183.

Rivers J M, Dalrymple R W, Yousif R, et al., 2020. Mixed siliciclastic-carbonate-evaporite sedimentation in an arid eolian landscape: The Khor Al Adaid tide-dominated coastal embayment, Qatar[J]. Sedimentary Geology, 408: 105730.

Roberts J A, Kenward P A, Fowle D A, et al., 2013. Surface chemistry allows for abiotic precipitation of dolomite at low temperature[J]. Proceedings of the National Academy of Sciences, 110(36): 14540-14545.

Rouchy J M, Monty C, 2000. Gypsum microbial sediments: Neogene and modern examples[M]//Riding R E, Awramik S M. Microbial sediments. Berlin: Springer.

Ruggieri R, Forti P, Antoci M L, et al., 2017. Accidental contamination during hydrocarbon exploitation and the rapid transfer of heavy-mineral fines through an overlying highly karstified aquifer (Paradiso Spring, SE Sicily) [J]. Journal of Hydrology, 546: 123-132.

Ryan B H, Kaczmarek S E, Rivers J M, 2020. Early and pervasive dolomitization by near-normal marine fluids: New lessons from an Eocene evaporative setting in Qatar[J]. Sedimentology, 67(6): 2917-2944.

Sánchez-Román M, Mckenzie J A, Wagener A, et al., 2009. Presence of sulfate does not inhibit low-temperature dolomite precipitation[J]. Earth and Planetary Science Letters, 285(1-2): 131-139.

Sanz-Rubio E, Sánchez-Moral S, Cañaveras J C, et al., 2001. Calcitization of Mg-Ca carbonate and Ca sulphate deposits in a continental Tertiary Basin (Calatayud Basin, NE Spain)[J]. Sedimentary Geology, 140(1-2): 123-142.

Sarg J F, 1981. Petrology of the carbonate-evaporite facies transition of the Seven Rivers Formation (Guadalupian, Permian), southeast New Mexico[J]. Journal of Sedimentary Research, 51(1): 73-96.

Sarg J F, 2001. The sequence stratigraphy, sedimentology, and economic importance of evaporite-carbonate transitions: A review[J]. Sedimentary Geology, 140(1-2): 9-34.

Schinteie R, Brocks J J, 2017. Paleoecology of Neoproterozoic hypersaline environments: Biomarker evidence for haloarchaea, methanogens, and cyanobacteria[J]. Geobiology, 15(5): 641-663.

Schmid S, 2017. Neoproterozoic evaporites and their role in carbon isotope chemostratigraphy (Amadeus Basin, Australia)[J]. Precambrian Research, 290: 16-31.

Schoenherr J, Reuning L, Kukla P A, et al., 2009. Halite cementation and carbonate diagenesis of intra-salt reservoirs from the Late Neoproterozoic to Early Cambrian Ara Group (South Oman Salt Basin) [J]. Sedimentology, 56(2): 567-589.

Schopf J W, Farmer J D, Foster I S, et al., 2012. Gypsum-permineralized microfossils and their relevance to the search for life on Mars[J]. Astrobiology, 12(7): 619-633

Schröder S, Schreiber B C, Amthor J E, et al., 2003. A depositional model for the Terminal Neoproterozoic-Early Cambrian Ara Group evaporites in south Oman[J]. Sedimentology, 50(5): 879-898.

Shalev N, Lazar B, Köbberich M, et al., 2018. The chemical evolution of brine and Mg-K-salts along the course of extreme evaporation of seawater—An experimental study[J]. Geochimica et Cosmochimica Acta, 241: 164-179.

Shellnutt J G, 2014. The Emeishan large igneous province: A synthesis[J]. Geoscience Frontiers, 5(3): 369-394.

Shields G, Stille P, 2001. Diagenetic constraints on the use of cerium anomalies as palaeoseawater redox proxies: An isotopic and REE study of Cambrian phosphorites[J]. Chemical Geology, 175(1-2): 29-48.

Sibley D F, 1980. Climatic control of dolomitization, Seroe Domi Formation (Pliocene), Bonaire, N.A. [M]//Zenger D H, Dunham J B, Ethington R L. Concepts and models of dolomitization. Tulsa: Society for Sedimentary Geology.

Słowakiewicz M, Blumenberg M, Więcław D, et al., 2018. Zechstein Main Dolomite oil characteristics in the Southern Permian Basin: I. Polish and German sectors[J]. Marine and petroleum geology, 93: 356-375.

Sorento T, Olaussen S, Stemmerik L, 2020. Controls on deposition of shallow marine carbonates and evaporites—Lower Permian Gipshuken Formation, central Spitsbergen, Arctic Norway[J]. Sedimentology, 67(1): 207-238.

Stefani M, Furin S, Gianolla P, 2010. The changing climate framework and depositional dynamics of Triassic carbonate platforms from the Dolomites[J]. Palaeogeography, Palaeoclimatology, Palaeoecology, 290(1-4): 43-57.

Stein M, Starinsky A, Agnon A, et al., 2000. The impact of brine-rock interaction during marine evaporite formation on the isotopic Sr record in the oceans: Evidence from Mt. Sedom, Israel[J]. Geochimica et Cosmochimica Acta, 64(12): 2039-2053.

Strauss H, 1999. Geological evolution from isotope proxy signals-sulfur[J]. Chemical Geology, 161(1-3): 89-101.

Strohmenger C J, Al-Mansoori A, Al-Jeelani O, et al., 2010. The sabkha sequence at Mussafah Channel (Abu Dhabi, United Arab Emirates): Fcies stacking patterns, microbial-mediated dolomite and evaporite overprint[J]. GeoArabia, 15(1): 49-90.

Sun S Q, 1995. Dolomite reservoirs: Porosity evolution and reservoir characteristics[J]. AAPG Bulletin, 79(2): 186-204.

Sun C Y, Hu M Y, Hu Z G, et al., 2019. Sedimentary facies and sequence stratigraphy in the Lower Triassic Jialingjiang Formation, Sichuan Basin, China[J]. Journal of Petroleum Exploration and Production Technology, 9(2): 837-847.

Sun Y D, Joachimski M M, Wignall P B, et al., 2012. Lethally hot temperatures during the Early Triassic greenhouse[J]. Science, 338(6105): 366-370.

Sweet A C, Soreghan G S, Sweet D E, et al., 2013. Permian dust in Oklahoma: Source and origin for Middle Permian (Flowerpot-Blaine) redbeds in Western Tropical Pangaea[J]. Sedimentary Geology, 284: 181-196.

Taylor S R, McLennan S M, 1981. The composition and evolution of the continental crust: Rare earth element evidence from sedimentary rocks[J]. Philosophical Transactions of the Royal Society of London. Series A, Mathematical and Physical Sciences, 301(1461): 381-399.

Timofeeff M N, Lowenstein T K, Da Silva M A M, et al., 2006. Secular variation in the major-ion chemistry of seawater: Evidence from fluid inclusions in Cretaceous halites[J]. Geochimica et Cosmochimica Acta, 70(8): 1977-1994.

Tucker M E, 1991. Sequence stratigraphy of carbonate-evaporite basins: Models and application to the Upper Permian (Zechstein) of northeast England and adjoining North Sea[J]. Journal of the Geological Society, 148(6): 1019-1036.

Tucker M E, Wright V P, 1990. Carbonate sedimentology[M]. London: Blackwell Science.

Turner E C, Bekker A. 2016. Thick sulfate evaporite accumulations marking a mid-Neoproterozoic oxygenation event(Ten Stone Formation, Northwest Territories, Canada)[J]. Geological Society of America bulletin, 128(1-2): 203-222.

Vasconcelos C, McKenzie J A, 1997. Microbial mediation of modern dolomite precipitation and diagenesis under anoxic conditions (Lagoa Vermelha, Rio de Janeiro, Brazil)[J]. Journal of sedimentary Research, 67(3): 378-390.

Vasconcelos P M, Renne P R, Becker T A, et al., 1995. Mechanisms and kinetics of atmospheric, radiogenic, and nucleogenic argon release from cryptomelane during ^{40}Ar ^{39}Ar analysis[J]. Geochimica et Cosmochimica Acta, 59(10): 2057-2070.

Veizer J, Hoefs J, 1976. The nature of $^{18}O/^{16}O$ and $^{13}C/^{12}C$ secular trends in sedimentary carbonate rocks[J]. Geochimica et Cosmochimica Acta, 40(11): 1387-1395.

Veizer J, Ala D, Azmy K, et al., 1999. $^{87}Sr/^{86}Sr$, $\delta^{13}C$ and $\delta^{18}O$ evolution of Phanerozoic seawater[J]. Chemical geology, 161(1-3): 59-88.

Wanas H A, 2002. Petrography, geochemistry and primary origin of spheroidal dolomite from the Upper Cretaceous/Lower Tertiary Maghra El-Bahari Formation at Gabal Ataqa, Northwest Gulf of Suez, Egypt[J]. Sedimentary Geology, 151(3-4): 211-224.

Wang L C, Hu W X, Wang X L, et al., 2014. Seawater normalized REE patterns of dolomites in Geshan and Panlongdong sections, China: Implications for tracing dolomitization and diagenetic fluids[J]. Marine and Petroleum Geology, 56: 63-73.

Wang G W, Li P P, Hao F, et al., 2015. Origin of dolomite in the third member of Feixianguan Formation(Lower Triassic) in the Jiannan area, Sichuan Basin, China[J]. Marine and Petroleum Geology, 63(3): 127-141.

Wani M R, Al-Kabli S K, 2005. Sequence stratigraphy and reservoir characterization of the 2nd Eocene dolomite reservoir, Wafra field, Divided zone, Kuwait-Saudi Arabia[C]//SPE Middle East Oil and Gas Show and Conference, Kingdom of Bahrain.

Warren J K, 2000. Dolomite: Occurrence, evolution and economically important associations[J]. Earth-Science Reviews, 52(1-3): 1-81.

Warren J K, 2006. Evaporites: Sediments, resources and hydrocarbons[M]. Berlin: Springer.

Warren J K, 2010. Evaporites through time: Tectonic, climatic and eustatic controls in marine and nonmarine deposits[J]. Earth-Science Reviews, 98(3-4): 217-268.

Warren J K, 2016. Evaporites: A geological compendium[M]. 2nd ed. Cham: Springer.

Warthmann R, Van Lith Y, Vasconcelos C, et al., 2000. Bacterially induced dolomite precipitation in anoxic culture experiments[J]. Geology, 28(12): 1091-1094.

Warthmann R, Vasconcelos C, Sass H, et al., 2005. *Desulfovibrio brasiliensis* sp. nov., a moderate halophilic sulfate-reducing bacterium from Lagoa Vermelha(Brazil) mediating dolomite formation[J]. Extremophiles, 9(3): 255-261.

Webb G E, Kamber B S, 2000. Rare earth elements in Holocene reefal microbialites: A new shallow seawater proxy[J]. Geochimica et Cosmochimica Acta, 64(9): 1557-1565.

Whitaker F F, Xiao Y T, 2010. Reactive transport modeling of early burial dolomitization of carbonate platforms by geothermal convection[J]. AAPG Bulletin, 94(6): 889-917.

Xiang P F, Ji H C, Shi Y Q, et al., 2020. Petrographic, rare earth elements and isotope constraints on the dolomite origin of Ordovician Majiagou Formation(Jizhong Depression, North China)[J]. Marine and Petroleum Geology, 117: 104374.

Xiong Y, Tan X C, Dong G D, et al., 2020. Diagenetic differentiation in the Ordovician Majiagou Formation, Ordos Basin, China: Facies, geochemical and reservoir heterogeneity constraints[J]. Journal of Petroleum Science and Engineering, 191: 107179.

Xue C Q, Wu J G, Qiu L W, et al., 2020. Lithofacies classification and its controls on the pore structure distribution in Permian transitional shale in the northeastern Ordos Basin, China[J]. Journal of Petroleum Science and Engineering, 195: 107657.

Yang H, Bao H P, Ma Z R, 2014. Reservoir-forming by lateral supply of hydrocarbon: A new understanding of the formation of Ordovician gas reservoirs under gypsolyte in the Ordos Basin[J]. Natural Gas Industry B, 1(1): 24-31.

Yang X Q, Fan T L, Tang S, et al., 2017. Sedimentology and sequence stratigraphy of evaporites in the Middle Jurassic Buqu Formation of the Qiangtang Basin, Tibet, China[J]. Carbonates and Evaporites, 32(3): 379-390.

Zahran I, Askary S, 1988. Basement reservoir in Zeit Bay oil field, Gulf of Suez[C]//Annual meeting of the American Association of Petroleum Geologists, Houston, USA.

Zentmyer R A, Pufahl P K, James N P, et al., 2011. Dolomitization on an evaporitic Paleoproterozoic ramp: Widespread synsedimentary dolomite in the Denault Formation, Labrador Trough, Canada[J]. Sedimentary Geology, 238(1-2): 116-131.

Zhang F F, Xu H F, Konishi H, et al., 2012. Dissolved sulfide-catalyzed precipitation of disordered dolomite: Implications for the formation mechanism of sedimentary dolomite[J]. Geochimica et Cosmochimica Acta, 97: 148-165.

Zhang J Z, Wang Z M, Yang H J, et al., 2017. Origin and differential accumulation of hydrocarbons in Cambrian sub-salt dolomite reservoirs in Zhongshen Area, Tarim Basin, NW China[J]. Petroleum Exploration and Development, 44(1): 40-47.

Zhang G Y, Wang Z Z, Guo X G, et al., 2019. Characteristics of lacustrine dolomitic rock reservoir and accumulation of tight oil in the Permian Fengcheng Formation, the western slope of the Mahu Sag, Junggar Basin, NW China[J]. Journal of Asian Earth Sciences, 178: 64-80.

Zhao M Y, Zheng Y F, 2017. A geochemical framework for retrieving the linked depositional and diagenetic histories of marine carbonates[J]. Earth and Planetary Science Letters, 460: 213-221.

Zhao Y Y, Zheng Y F, Chen F K, 2009. Trace element and strontium isotope constraints on sedimentary environment of Ediacaran carbonates in southern Anhui, South China[J]. Chemical Geology, 265(3-4): 345-362.

Zhao L S, Chen Z Q, Algeo T J, et al., 2013. Rare-earth element patterns in conodont albid crowns: Evidence for massive inputs of volcanic ash during the latest Permian biocrisis?[J]. Global and Planetary Change, 105: 135-151.

Zhao S Y, Danley M, Ward J E, et al., 2017. An approach for extraction, characterization and quantitation of microplastic in natural marine snow using Raman microscopy[J]. Analytical methods, 9(9): 1470-1478.

Zhao Y H, Liu C L, Ding T, et al., 2020. Origin and depositional paleoenvironment of Triassic polyhalite in the Jialingjiang Formation, Sichuan Basin[J/OL]. Carbonates and Evaporites. https://doi.org/10. 1007/s13146-020-00596-3.

Zheng Y, Kissel C, Zheng H B, et al., 2010. Sedimentation on the inner shelf of the East China Sea: Magnetic properties, diagenesis and paleoclimate implications[J]. Marine Geology, 268(1-4): 34-42.

Zorina S O, 2017. Mineralogical composition of the Lower and Upper Kazanian (Mid-Permian) rocks and facies distribution at the Petchischi region (Eastern Russian Platform)[J]. Carbonates and Evaporites, 32: 27-43.